粒子滤波原理及应用
——MATLAB 仿真

黄小平　王　岩　缪鹏程　编著

电子工业出版社
Publishing House of Electronics Industry
北京·BEIJING

内 容 简 介

本书主要介绍粒子滤波的基本原理及其在非线性系统中的应用。为方便读者快速掌握粒子滤波的精髓，本书采用原理介绍+实例应用+MATLAB 程序仿真+中文注释相结合的方式，向读者介绍滤波的原理和实现过程。本书共 9 章，第 1 章绪论，介绍粒子滤波的发展状况；第 2 章简略地介绍 MATLAB 算法仿真编程基础，便于零基础的读者学习后续章节介绍的原理；第 3 章介绍与粒子滤波相关的概率论基础；第 4 章介绍蒙特卡洛的基本原理；第 5 章介绍粒子滤波的基本原理；第 6 章介绍粒子滤波的改进算法，主要是 EPF 算法和 UPF 算法。第 7 章和第 8 章为粒子滤波在目标跟踪、电池参数估计中的应用；第 9 章为 Simulink 环境下粒子滤波器的设计。

本书可以作为电子信息类专业高年级本科生和硕士、博士研究生数字信号处理课程或粒子滤波原理的教材，也可以作为从事雷达、无线传感器网络、数字信号处理的教师和科研人员的参考书。本书配套的电子版程序下载地址为 http://yydz.phei.com.cn 的"资源下载"栏目。

未经许可，不得以任何方式复制或抄袭本书之部分或全部内容。

版权所有，侵权必究。

图书在版编目（CIP）数据

粒子滤波原理及应用：MATLAB 仿真 / 黄小平，王岩，缪鹏程编著. —北京：电子工业出版社，2017.4
ISBN 978-7-121-31046-1

Ⅰ. ①粒… Ⅱ. ①黄… ②王… ③缪… Ⅲ. ①Matlab 软件-应用-非线性控制系统 Ⅳ. ①TP273

中国版本图书馆 CIP 数据核字（2017）第 046620 号

策划编辑：刘海艳
责任编辑：张　京
印　　刷：北京七彩京通数码快印有限公司
装　　订：北京七彩京通数码快印有限公司
出版发行：电子工业出版社
　　　　　北京市海淀区万寿路 173 信箱　邮编：100036
开　　本：787×1 092　1/16　印张：13.5　字数：345.6 千字
版　　次：2017 年 4 月第 1 版
印　　次：2024 年 4 月第 9 次印刷
定　　价：49.00 元

凡所购买电子工业出版社图书有缺损问题，请向购买书店调换。若书店售缺，请与本社发行部联系，联系及邮购电话：（010）88254888，88258888。

质量投诉请发邮件至 zlts@phei.com.cn，盗版侵权举报请发邮件至 dbqq@phei.com.cn。
本书咨询联系方式：lhy@phei.com.cn。

前 言

粒子滤波，又名贯序的蒙特卡洛方法。它不像卡尔曼滤波那样从提出到成名基本都是由数学家鲁道夫卡尔曼（Rudolf Emil Kálmán，1930.5—2016.7）主导的，粒子滤波则是由一群又一群的学者推动并发展壮大的。1996 年，Del Moral 在《非线性滤波：相互作用粒子解》一文中提出"粒子滤波"这一术语；刘军（北大数学系本科毕业，统计学领域的"大牛"，年仅 35 岁便成为哈弗大学终身正教授）在 1998 年提出"贯序的蒙特卡洛方法"；2000 年，俄勒冈研究生院的鲁道夫范德莫维（Rudolph van der Merwe）、剑桥大学的阿尔诺（Arnaud Doucet）、加州大学伯克利分校的南多弗雷塔斯（Nando de Freitas）等提出"无迹粒子滤波"。粒子滤波是一个很新的算法并深受国内外研究者追捧。

本书主要介绍粒子滤波的基本原理及其在非线性系统中的应用。粒子滤波是基于概率统计的，因此在介绍粒子滤波之前重点介绍了蒙特卡洛原理，在深入了解蒙特卡洛的统计学原理之后，读者可以较轻松地理解粒子滤波的原理和方法。粒子滤波是近年来发展比较迅速的滤波算法，它在处理噪声方面有着任何滤波器都无法比拟的优点，即任何线性或非线性的系统模型、高斯或非高斯的噪声模型，粒子滤波都能有效地应用和处理。

本书主要由两部分构成：粒子滤波的原理和粒子滤波在非线性系统中的应用。在介绍原理的同时也给出了算法的程序代码，方便读者对照公式理解程序，同时也能从程序代码和注释中反过来理解算法原理。因此，它是粒子滤波方面的研究者快速上手并进入相关研究领域的快捷工具。对于有一定基础的研究者，可以在本书提供代码的基础上，做算法的进一步改进和优化。

与任何滤波器一样，粒子滤波最主要的用途在于处理噪声，降低噪声带来的干扰。所有传感器测量的数据都是受到噪声污染的，噪声不能消除，只能最大限度地降低。例如，在目标跟踪中，传感器一般都采集观测站与目标之间的距离、角度等信息，这些信息往往会受到高斯噪声或非高斯噪声的干扰，导致观测站不能准确地估计目标的状态。常用的补偿措施就是滤波。

在现代时间序列里，常用的滤波算法有最小二乘估计、卡尔曼滤波、粒子滤波等。这些经典的算法已经广泛应用在雷达、声呐、无线传感器网络等领域中。本书主要结合实际中的应用，如单观测站、多观测站情况下，对目标进行状态估计研究，希望对相关领域的研究者有所帮助。

写作本书其实是很偶然的，这要从我研究生毕业那一刻说起。毕业之初在 MATLAB 中文论坛上发表过几篇关于卡尔曼滤波和粒子滤波的帖子，后来很多人找我，向我发邮件求助。再后来工作逐渐繁忙，我没有时间一一回复大家，于是萌生了写一本教程的想法，让大家看教程多省事啊。于是，我将自己在研究生阶段如何在"黑暗"中摸索的痛苦经历和学习内容，用通俗易懂的学生语言写出来。在写教程的过程中，感觉越写内容越多，无奈只好整理成两本，将卡尔曼滤波和粒子滤波分开了。目前《卡尔曼滤波原理及应用》已经于 2015 年 7 月在电子工业出版社出版，作为一本学术性强的科研参考书销量已经突破 8500 册，这算是一个小成功了。本书是前一本书的姊妹篇，写作风格也沿袭了上一本书，期望能得到广大读者的认同。

本书能得以撰写，在很大程度上要感谢我的导师王岩老师，她给了我一个很好的研究课题，并给了我学术上的指导，让我少走了很多弯路。本书的编写中，在核心原理推导、章节内容的编排等方面都得到了王老师的参与及支持，再次表示特别的谢意！参与本书编辑和撰写工作的还有王岩、缪鹏程、聂金平、闫芬菲、陈冰洁、田龙飞、李超、李超①、王夏静、杨刚、钱琛、罗伟、许蓓蓓、汪本干、陈冬杰、丁成祥和杨振新。本书的编辑和勘误，得到了北航同课题组的实验室学弟学妹的帮助，还得到了广大网友的支持和鼓励。最后感谢我的妻子许蓓蓓的理解和支持，感谢可爱女儿黄悦昕给我写作的精神动力！

希望本书对相关领域的研究者有所帮助。由于作者水平有限，其中难免有疏忽及错误之处，恳请读者提出宝贵意见。我的邮箱是 xiaoping_444@126.com。

2017 年 2 月写于上饶

---

① 同名。——编者注

目 录

第1章 绪论 ·· 1
  1.1 粒子滤波的发展历史 ·· 1
  1.2 粒子滤波的现状及趋势 ·· 2
  1.3 粒子滤波的特点 ·· 2
  1.4 粒子滤波的应用领域 ·· 3
  1.5 小结 ··· 7
  1.6 参考文献 ·· 7

第2章 编程基础 ·· 11
  2.1 MATLAB 简介 ··· 11
    2.1.1 MATLAB 发展历史 ··· 11
    2.1.2 MATLAB 7.10 的系统简介 ·· 12
    2.1.3 M-File 编辑器的使用 ··· 14
  2.2 数据类型和数组 ·· 15
    2.2.1 数据类型概述 ·· 16
    2.2.2 数组的创建 ··· 17
    2.2.3 数组的属性 ··· 18
    2.2.4 数组的操作 ··· 19
    2.2.5 结构体和元胞数组 ··· 22
  2.3 程序设计 ·· 23
    2.3.1 条件语句 ··· 24
    2.3.2 循环语句 ··· 25
    2.3.3 函数 ··· 26
    2.3.4 画图 ··· 28
  2.4 常用的数学函数 ·· 30
  2.5 编程基础实践 ·· 33

2.6 小结 ··· 34

第3章 概率论与数理统计基础 ··· 35
3.1 基本概念 ··· 35
3.1.1 随机现象 ··· 35
3.1.2 随机试验 ··· 35
3.1.3 样本空间 ··· 36
3.1.4 随机事件、随机变量 ·· 36
3.2 概率与频率 ··· 37
3.2.1 相关定义 ··· 37
3.2.2 大数定律 ··· 38
3.2.3 中心极限定律 ··· 39
3.3 条件概率 ··· 39
3.3.1 相关概念 ··· 39
3.3.2 全概率公式和贝叶斯公式 ·· 40
3.4 数字特征 ··· 41
3.5 几个重要的概率密度函数 ··· 44
3.5.1 均匀分布 ··· 44
3.5.2 指数分布 ··· 47
3.5.3 高斯分布 ··· 47
3.5.4 伽马分布 ··· 49
3.6 白噪声和有色噪声 ··· 52
3.6.1 白噪声和有色噪声的定义 ·· 52
3.6.2 白噪声和有色噪声的比较 ·· 53
3.7 小结 ··· 59

第4章 蒙特卡洛原理 ··· 60
4.1 蒙特卡洛概述 ··· 60
4.1.1 历史及发展 ··· 60
4.1.2 算法引例 ··· 60
4.2 蒙特卡洛方法 ··· 61
4.2.1 主要步骤 ··· 61

- 4.2.2 随机数的产生 ························ 62
- 4.2.3 Monte Carlo 方法的收敛性 ················ 63
- 4.2.4 Monte Carlo 的应用特征 ·················· 65
- 4.3 模拟 ····························· 65
  - 4.3.1 物理模拟 ························· 66
  - 4.3.2 计算机模拟 ······················· 67
- 4.4 蒙特卡洛的应用 ······················· 76
  - 4.4.1 蒲丰针实验 ······················· 76
  - 4.4.2 定积分的计算 ······················ 78
- 4.5 小结 ····························· 85

第5章 粒子滤波原理 ························ 86
- 5.1 算法引例 ·························· 86
- 5.2 系统建模 ·························· 87
  - 5.2.1 状态方程和过程噪声 ·················· 87
  - 5.2.2 观测方程和测量噪声 ·················· 88
- 5.3 核心思想 ·························· 89
  - 5.3.1 均值思想 ························ 89
  - 5.3.2 权重计算 ························ 90
- 5.4 优胜劣汰 ·························· 92
  - 5.4.1 随机重采样 ······················· 93
  - 5.4.2 多项式重采样 ······················ 96
  - 5.4.3 系统重采样 ······················· 98
  - 5.4.4 残差重采样 ······················· 101
- 5.5 粒子滤波器 ························· 103
  - 5.5.1 蒙特卡洛采样 ····················· 103
  - 5.5.2 贝叶斯重要性采样 ··················· 103
  - 5.5.3 SIS 滤波器 ······················· 104
  - 5.5.4 Bootstrap/SIR 滤波器 ·················· 105
  - 5.5.5 粒子滤波算法通用流程 ················· 107
- 5.6 粒子滤波仿真实例 ······················ 108

        5.6.1 一维系统建模 ··· 108

        5.6.2 一维系统仿真 ··· 108

        5.6.3 数据分析 ··· 112

    5.7 小结 ··· 118

    5.8 参考文献 ··· 118

第 6 章 改进粒子滤波算法 ·· 119

    6.1 基本粒子滤波存在的问题 ··· 119

    6.2 建议密度函数 ··· 120

    6.3 EPF 算法 ··· 120

    6.4 UPF 算法 ··· 122

    6.5 PF、EPF、UPF 综合仿真对比 ····································· 124

    6.6 小结 ··· 137

    6.7 参考文献 ··· 138

第 7 章 粒子滤波在目标跟踪中的应用 ···································· 139

    7.1 目标跟踪过程描述 ··· 139

    7.2 单站单目标跟踪系统建模 ··· 140

    7.3 单站单目标观测距离的系统及仿真程序 ····························· 142

        7.3.1 基于距离的系统模型 ····································· 142

        7.3.2 基于距离的跟踪系统仿真程序 ····························· 143

    7.4 单站单目标纯方位角度观测系统及仿真程序 ························· 149

        7.4.1 纯方位目标跟踪系统模型 ································· 149

        7.4.2 纯方位跟踪系统仿真程序 ································· 150

    7.5 多站单目标纯方位角度观测系统及仿真程序 ························· 153

        7.5.1 多站纯方位目标跟踪系统模型 ····························· 153

        7.5.2 多站纯方位跟踪系统仿真程序 ····························· 155

    7.6 非高斯模型下粒子滤波跟踪仿真 ··································· 160

    7.7 小结 ··· 166

第 8 章 粒子滤波在电池寿命估计中的应用 ································ 167

    8.1 电池寿命课题背景 ··· 167

    8.2 电池寿命预测模型 ··· 169

  8.2.1 以容量衰减为基础的储存寿命模型 ……………………………………… 169

  8.2.2 以阻抗增加、功率衰退为基础的储存寿命模型 ………………………… 171

  8.2.3 以阻抗增加、功率衰退为基础的循环寿命模型 ………………………… 171

  8.2.4 以容量衰减为基础的循环寿命模型 ……………………………………… 172

8.3 基于粒子滤波的电池寿命预测仿真程序 ………………………………………… 172

8.4 小结 …………………………………………………………………………………… 179

8.5 参考文献 ……………………………………………………………………………… 179

第9章 Simulink 仿真 …………………………………………………………………… 180

9.1 Simulink 概述 ………………………………………………………………………… 180

  9.1.1 Simulink 启动 ……………………………………………………………… 180

  9.1.2 Simulink 仿真设置 ………………………………………………………… 181

  9.1.3 Simulink 模块库简介 ……………………………………………………… 186

9.2 S 函数 ………………………………………………………………………………… 190

  9.2.1 S 函数原理 ………………………………………………………………… 190

  9.2.2 S 函数的控制流程 ………………………………………………………… 193

9.3 目标跟踪的 Simulink 仿真 ………………………………………………………… 194

  9.3.1 状态方程和观测方程的 Simulink 建模 ………………………………… 194

  9.3.2 基于 S 函数的粒子滤波器设计及其在跟踪中的应用 ………………… 197

9.4 小结 …………………………………………………………………………………… 204

第1章 绪　论

1.1 粒子滤波的发展历史

滤波是系统的状态估计问题，要求系统观测具备时间序列的条件。参数估计主要在科学理论、工程应用及金融财经领域广泛应用。滤波的先决条件是给系统建立数学模型，包括状态方程和观测方程。通常，系统模型具有复杂的非线性和非高斯分布的特性。

1960年，Kalman先生提出了经典的卡尔曼滤波器（Kalman Filter，KF），为线性高斯问题提供了一种最优解决方法。迄今，卡尔曼滤波器仍然被广泛采用，成为解决现实应用问题的标准框架。然而，在现实世界中，科学领域中的实际问题大都具有非线性特性，使得非线性滤波问题广泛存在于现实问题中，对于这些非线性问题，卡尔曼滤波都无能为力。

在1979年，Anderson和Moore提出的扩展卡尔曼滤波（the Extended Kalman Filter，EKF）[1]是解决非线性系统滤波的利器。该滤波算法的基本原理是将非线性的测量方程和状态方程用Taylor公式展开，得到一阶线性化的结果。这个过程是一种近似，因为它抛弃了高阶项，也就是很多文献中提到的截断误差问题，用这个近似的方程来表征原有系统的方程，可能会导致滤波发散。

Julier和Uhlmann在1996年发表的论文介绍了一种对高斯分布的近似方法，后来被命名为无迹卡尔曼滤波（the Unscented Kalman Filter，UKF）[2]，该方法基于无迹变换与EKF的算法框架，其基本思想是：近似一种高斯分布比近似任何一种非线性方程容易得多，因此UKF不对系统模型进行线性化，从而能够更加真实地反映整个系统的特性。对于任意的非线性系统，使用UKF都能够获得精确到三阶矩的系统后验均值和协方差估计，但是UKF的使用具有一定的局限性。由于它以EKF框架为基础，与EKF一样对非线性系统的后验概率密度进行高斯假设，对于一般的非高斯分布模型仍然不适用。2000年，Wan和Nelson扩展了无迹卡尔曼滤波的使用，即既能同时估计动态系统的状态又能估计模型参数。但是很不幸的是，无迹卡尔曼滤波依然受限于高斯分布条件，不能用在非高斯分布的场景。

目前，更为流行的解决通用滤波问题的方法是采用贯序的蒙特卡洛方法（Sequential Monte Carlo Method），也叫粒子滤波（见参考文献Doucet1998，Doucet 2000，Gordon 1993）[3-5]。粒子滤波方法允许一个完整的状态后验分布表现，这样任何统计学上的数据，如均值、模、峭度、方差，均能容易地计算得到。粒子滤波很强大，强大到能处理任意非线性模型，任意噪声分布。

粒子滤波算法的出现最早要追溯到20世纪40年代Metropolis等人提出的蒙特卡洛方法（Monte Carlo Method），20世纪70年代，蒙特卡洛方法首次用于解决非线性滤波问题，当时使用的是一种序贯重要性采样算法。粒子滤波的正式建立应归功于 Gordon、Salmond 和 Smith 所提出的重采样（Resampling）技术，几乎同时，一些统计学家也独立地发现和发展了采样-重要性重采样思想（Sampling-Importance Resampling，SIR），该思想最初由 Rubin 于 1987 年在非动态的框架内提出。到了 20 世纪 90 年代中期，粒子滤波的重新发现并成为热点应部分归功于科学计算机的计算能力的提高。

1.2 粒子滤波的现状及趋势

粒子滤波的思想基于蒙特卡洛方法，它利用粒子集来表示概率，可以用在任何形式的状态空间模型上。其核心思想是通过从后验概率中抽取的随机状态粒子来表达其分布，是一种顺序重要性采样法（Sequential Importance Sampling）。最近几年，粒子方法有了一些新的发展，一些领域用传统的分析方法解决不了的问题，现在可以借助基于粒子滤波仿真的方法来解决。

在动态系统的模型选择、故障检测和诊断方面，出现了基于粒子的假设检验、粒子多模型、粒子似然度比检测等方法；在参数估计方面，通常把静止的参数作为扩展的状态向量的一部分，但是由于参数是静态的，粒子会很快退化成一个样本，为避免退化，常用的方法有给静态参数人为增加动态噪声及 Kernel 平滑方法，而 Doucet 等提出的点估计方法避免对参数直接采样，在粒子滤波框架下使用最大似然估计及期望值最大算法直接估计未知参数；在随机优化方面，出现了基于粒子滤波的梯度估计算法，使得粒子滤波也用于最优控制等领域。Andrieu、Doucet 等人做了大量的工作，同时也总结了粒子滤波方法在变化检测、系统辨识和控制中的应用及理论上的一些最新进展，许多在几年前不能解决的问题现在可以借助粒子滤波算法来仿真。

目前粒子滤波的研究已取得许多可喜的进展，应用范围也由滤波估计扩展到新的领域，作为一种新方法，粒子滤波还处于发展之中，还存在许多有待解决的问题，例如，随机采样带来 Monte Carlo 误差的积累甚至导致滤波器发散；为避免退化和提高精度而需要大量的粒子，使得计算量急剧增加。粒子滤波是否是解决非线性非高斯问题的万能方法还值得探讨。此外，粒子滤波还只停留在仿真阶段，全面考虑实际中的各种因素也是深化粒子滤波研究不可缺少的一个环节。尽管如此，在一些精度要求高而经典的分析方法又解决不了的场合，这种基于仿真的逼近方法发挥了巨大潜力，而现代计算机的并行计算技术迅速发展，又为粒子滤波方法的发展和应用提供了有力支持，相信粒子滤波器的研究将朝着更深、更广的方向发展。

1.3 粒子滤波的特点

粒子滤波（Particle Filter，PF）是一种基于蒙特卡洛仿真的近似贝叶斯滤波算法。它通过计算粒子集合的样本均值来估计被辨识的参数,是一种概率统计的算法。它的核心思想是用一组离散的随机采样点(即粒子集合)来近似系统随机变量的概率密度函数,以样本均值代替积分运算,从而获得状态的最小方差估计。粒子滤波的粒子集合根据贝叶斯准则进行适当的加权和递归传播。从其滤波机理来讲,主要有以下特点。

1. 噪声模型不受限制

与卡尔曼滤波相比,粒子滤波无须知道系统的噪声模型,即可以估计被任何形式的噪声干扰过的数据。而卡尔曼滤波只能用在高斯噪声模型中,而且必须知道系统过程噪声和测量噪声的均值和方差,而这些参数在实际应用中往往很难获取。粒子滤波是基于概率统计的,它可以不用知道系统的过程噪声和测量噪声,因此它能够广泛应用在线性与非线性系统的参数估计中。

卡尔曼滤波只能处理高斯噪声,粒子滤波既可以处理高斯噪声,又可以处理非高斯噪声;粒子滤波是不受噪声模型限制的。

2. 系统模型不受限制

卡尔曼滤波只能处理线性系统,对于非线性系统的处理,往往需要借助扩展卡尔曼滤波或无迹卡尔曼滤波。而粒子滤波既可以处理线性系统中的滤波问题,也可以处理非线性系统滤波问题。简单来说,粒子滤波法是指通过寻找一组在状态空间传播的随机样本对概率密度函数进行近似,以样本均值代替积分运算,从而获得状态最小方差分布的过程。这里的样本即指粒子,当样本数量 $N\to\infty$ 时可以逼近任何形式的概率密度分布。

尽管算法中的概率分布只是真实分布的一种近似,但由于非参数化的特点,它摆脱了解决非线性滤波问题时随机量必须满足高斯分布的制约,能表达比高斯模型更广泛的分布,对变量参数的非线性特性也有更强的建模能力。因此,粒子滤波能够比较精确地表达基于观测量和控制量的后验概率分布,可以用于解决 SLAM 问题。

3. 精度优势

粒子滤波与卡尔曼滤波相比有其优越性,理论上粒子滤波的估计精度比非线性卡尔曼滤波(如扩展卡尔曼滤波、无迹卡尔曼滤波)的精度高,但是这仅是从理论上论证的,实际中,因为噪声特点、系统模型等因素的不同,粒子滤波的精度未必优于前者。

1.4 粒子滤波的应用领域

粒子滤波技术在非线性、非高斯系统表现出来的优越性,决定了它的应用范围非常广泛。另外,粒子滤波器的多模态处理能力也是它应用广泛的原因之一。国际上,粒子滤波已被应用于各个领域,见表 1-1。

表 1-1 粒子滤波的应用领域

应用领域	解决的实际问题	代表性工作
视觉跟踪	目标轮廓跟踪	Isard
	平滑运动目标跟踪	Oron, Duffner, Kwon, Li
	关节目标跟踪	Wang, Rincon
	突变运动跟踪	Kwon, Zhou, Wang
目标定位、导航、跟踪领域	目标定位与导航	Gustafsson
	机动目标跟踪	Wang, Liu, Wang, Ohlmeyer, Kim
通信与信号处理领域	无线网络中的定位和跟踪	Mihaylova
	盲符号探测	Yoshida
	联合信道估计与解码	Lehmann, Hoang
其他领域	图像处理	Shu, Dalca, Tang, Lu, Windynski
	机器人	Duan, Zhao, Ibarguren, Zhu
	卫星遥感	Movaghati
	核医学成像	Rahni
	化工	Tang
	金融经济	Wang, Creal, Duan

1. 视觉跟踪

在过去的十多年里，粒子滤波算法在视觉跟踪领域的应用取得了非常大的成功。Isard 等人[6]首次使用粒子滤波算法解决视觉跟踪问题。由于卡尔曼滤波技术需要的条件是系统的状态噪声为高斯分布的，使其对于多峰态分布不能很好地应用。Isard 提出的算法为粒子滤波算法在视觉跟踪中的应用研究提供了重要的理论支撑，几乎所有研究者的工作都是以其算法为基础进行粒子滤波跟踪研究的。

Oron 等人[7]基于粒子滤波算法的解决框架，提出了一种局部无序跟踪算法（Locally Orderless Tracking, LOT），该算法不需要先验假设，能够在线估计和更新目标的刚性，实现对刚体目标、变形目标的稳定跟踪。Duffbner 等人[8]针对单目标跟踪问题中考虑多个目标特征引起的高维状态空间问题，提出了采用动态分治采样策略（Dynamic Partitioned Sampling）的粒子滤波跟踪算法。这种分治采样策略把高维状态空间分成多个子空间，其中每一个子空间对应一种特征。然后使用分层采样的方法在各子空间中采样粒子。采样的优先级则是根据目标特征的可靠性来进行排序，目标特征的可靠性依靠该特征从背景中区别出目标的能力进行度量。该算法能够在复杂场景中准确地跟踪目标，具有较好的鲁棒性。

Kwon 等人[8]提出了一种基于仿射群的粒子滤波算法。首先，在建立目标状态空间模型时，采用仿射群作为状态，并将状态转移模型定义为几何自回归过程。设计建议分布时，将建议分布近似为高斯分布，然后采用局部线性化观测模型的方式得到一阶泰勒展开式，其思想与扩展卡尔曼滤波相似，缺陷是需要计算雅可比（Jacobian）矩阵，这是非常耗时的。该算法在跟踪单个目标时比 Isard 算法效果好。Li 等人[9]针对仿射群上的目标跟踪问题提出了一种渐进自调整粒子滤波跟踪框架。算法采用 SIFT 描述子来描述目标特征，并使用渐进主成分分析方法学习自适应外观子空间以产生相似性度量，该算法能够以较少的粒子获得鲁棒、高精度的跟踪效果。

Wang 等人[10]针对三位关节人体运动跟踪中参数空间维数过高的问题，提出了基于退火粒子群优化的粒子滤波算法，在实验中，与 PF、APF 算法相比较，该算法能够获得较低的运动估计误差。Rincón 等人[11]针对关节人体跟踪中的难点问题，提出一种基于图（Graph）的粒子滤波跟踪框架，在该框架中融入基于 GLE 维度约减技术的先验信息，以及基于图的概率传递方法，在跟踪过程中有效减少了滤波发散的概率，在跟踪失败时能够自动进行恢复，提高了跟踪的准确性。

粒子滤波算法在上述视觉跟踪应用中都是基于平滑运动假设的，突变目标运动在现实世界中广泛存在，传统的基于平滑运动假设的粒子滤波跟踪算法在突变运动的跟踪中很难获得满意的结果。Kwon 等人[12]针对由于摄像机镜头切换、低帧率视频、目标动力学突变运动跟踪问题，使用 Wang-Landau 蒙特卡洛采样方法进行采样，以粒子滤波算法跟踪框架为基础，提出了一种可以有效处理运动突变跟踪的算法，并且在实验中验证了算法的有效性。但是 Wang-Landau 蒙特卡洛采样方法缺少严格的收敛理论支持，应用范围非常有限。Zhou 等人[13]针对该问题提出了基于随机逼近蒙特卡洛采样的突变运动跟踪框架，该框架以粒子滤波算法为基础，结合 Kwon 等人提出的基于态密度（Density of State）的思想，引入随机逼近蒙特卡洛采样，克服传统的马氏链蒙特卡洛采样方法陷入局部最优的问题，提高了突变运动跟踪的鲁棒性，对各种突变运动场景均能实现稳定的跟踪。但是无论是随机逼近理论，还是 Wang-Landau 蒙特卡洛采样理论，其实现均基于随机游动方法，而随机游动方法存在一个明显的缺陷，即在高维状态空间搜索中同样易陷入局部最优。如何克服随机游动存在的影响仍是当前视觉跟踪领域研究的重点问题，而粒子滤波算法的解决框架得到了广泛的重视。

2. 在目标跟踪、导航、定位中的应用

导航、定位及目标跟踪问题涉及车辆、火箭、潜艇和导弹等多种对象。Gustafsson 等人[13]提出了一种使用粒子滤波算法进行定位、导航和跟踪的框架。该框架包含了一组运动模型和一个关于位置的一般观测模型，并根据该框架提出了一种通用的算法，为了降低粒子滤波算法中粒子的维数，采用边缘化方法，使用卡尔曼滤波器来估计所有的位置导数，从而可以实现高速实时环境中的应用。在汽车与飞机等跟踪及定位应用中进行的测试表明粒子滤波算法达到的精度与 GPS 相比具有更高的完整性。

使用粒子滤波算法还可实现以下应用：飞行目标的完整导航及无人机和汽车等移动载体上的目标跟踪；基于地图匹配的汽车定位、飞行器定位；实现地空、陆海导航并进行目标跟踪；汽车相对位置预测、实现汽车防撞等[14]；实现海洋潜艇、鱼群等移动目标的声呐探测；无线传感器网络是一个自组织环境监测网络，可以实现对目标的定位和跟踪。

在机动目标跟踪问题中，Wang 等人[16]针对仅有角目标跟踪问题，提出了融合当前时刻观测信息的卡尔曼粒子滤波算法，其跟踪效果与传统卡尔曼滤波算法及 Bootstrap 滤波算法相比具有明显优势。但该算法采用传统卡尔曼滤波器更新粒子，对强非线性系统无法获得满意的跟踪结果。Liu 等人[17]提出了一种基于自适应马尔科夫链的粒子滤波跟踪算法，能够以较少的迭代次数使得粒子滤波收敛于后验分布，在实时环境中跟踪机动目标获得较高的准确率。Wang 等人[18]针对杂波环境下的机动目标跟踪问题提出了一种新型的交互式多模粒子滤波跟踪算法，该算法将基态估计和模态估计完全分开，以此来控制每一个机动峰处的粒子数。与传统的多模粒子滤波算法相比，该算法的跟踪精度得到较大的提高。

Ohlmeyer 等人[19]使用粒子滤波算法跟踪强推力弹道导弹和机动飞机等多个目标，通过不同复杂场景下的实验，表明粒子滤波算法能够辨别出被跟踪目标并维持准确的跟踪。Kim 等人[20]则在跟踪螺旋上升的弹道导弹实验背景下，对包括粒子滤波、扩展卡尔曼滤波、无迹卡尔曼滤波及其改进算法在内的非线性滤波算法进行了对比，在计算有效性方面，在合理的初始估计值条件下，扩张卡尔曼滤波和无迹卡尔曼滤波表现出较好的性能。粒子滤波算法的计算复杂性随着问题维数的增加而增加，因而对于本书中的特定应用，粒子滤波不一定是最佳的选择。

但是，粒子滤波算法在目标跟踪、定位及导航领域的应用依然逐步走向成熟并应用于相关产品的研发。

3. 通信与信号处理领域

近几年，粒子滤波算法在通信领域的应用取得了飞速的发展。Mihaylova 等人[21]针对无线蜂窝网络中的移动跟踪等挑战性问题，提出了基于粒子滤波算法的解决框架，该算法框架能够准确地估计移动站点的位置和速度，其中移动站点的命令处理使用一阶马尔科夫模型表示，这样能够从有限加速水平集中提取数据值。实验结果表明，在无线网络的移动跟踪中，粒子滤波算法的性能优于传统的扩展卡尔曼算法。Mihaylova 等人[22]将室内和室外的无线定位问题描述为贝叶斯框架下的状态估计问题，并给予接收信号前度指示器，提出了基于辅助粒子滤波算法的定位方法，实现对无线网络中的移动节点进行同步定位，且具有非常准确的定位精度。

Yoshida 等人[23]针对无线通信设备中不精确的模拟电路所引起的非线性信号变形，即模拟缺陷，提出了使用盲 Marginalized 粒子滤波探测器来处理模拟缺陷问题，实现盲符号探测。Lehmann[24]提出一种针对未知 MIMO 平稳衰落信道中的空时网格码联合信道估计与探测方法，为了在接收端应用确定性粒子滤波算法，作者引入了一个关于空时编码和 Rayleigh 衰落 MIMO 信道的联合状态空间模型，该模型独立于衰弱速度。最终通过接收端的确定性粒子滤波算法实现联合信道估计与解码。Hoang 等人[25]提出了一种用于 MIMO 平稳衰弱信道估计的次优粒子滤波算法。由于传统的基于先验概率转移密度的粒子滤波算法没有考虑当前时刻观测值的影响，所以算法的估计精度较差。为了解决该问题，其提出了粒子群优化方法的次优粒子滤波算法，在盲信道估计问题中表现出了较好的性能。

4. 其他应用领域

在模式识别与图像处理领域，粒子滤波算法被成功应用于图匹配[26]、图像分割[27]、图像的骨架化[28]、轮廓提取等问题[29-31]。

Zhao等人[32]将粒子滤波算法应用于机器人视觉伺服中的雅可比矩阵在线估计,实验证明,粒子滤波算法与使用传统的卡尔曼滤波进行在线估计相比具有更高的估计精度和更强的鲁棒性。基于粒子滤波的方法不仅可以避免系统标定,而且对系统噪声的类型没有具体要求。Ma等人[33]提出的基于模糊粒子滤波算法的总雅可比矩阵的在线估计,通过模糊规则动态调整粒子数目,提高了算法的效率。参考文献[32]和[33]中采用的均是2自由度的机器人系统,Ibarguren等人[34]针对工业6自由度的机器人系统,使用粒子滤波算法提出了基于位置的视觉伺服算法,该系统采用单目视觉,在非自动化工业环境中运用6自由度的机械手来抓取目标。粒子滤波算法在整个视觉伺服算法中用于处理不同的噪声。对于工业环境中的光照变化、灰尘等噪声引起的不确定性,粒子滤波算法均能够克服。

Zhu等人[35]结合最近点迭代算法和Rao-Blackwellized粒子滤波算法(RBPF)实现移动机器人的同步定位与地图创建(SLAM),该算法以较少的粒子数实现SLAM,具有较高的抽样效率和定位精度。其同时针对FastSLAM算法中采用扩展卡尔曼滤波算法性能较差问题,提出了利用中心差分滤波算法改进粒子滤波算法的建议分布函数,提高了移动机器人位姿估计的精度。

在核医学成像领域,Rahni等人[36]运用粒子滤波算法实现呼吸运动的估计。在核医学放射成像中,由于人体正常的肺部换气引起的呼吸运动能够影响腹部胸廓凹槽的大部分区域,是主要的伪影来源。Rahni采用粒子滤波算法估计内部器官的运动来实现对运动的补偿矫正。这充分说明了粒子滤波算法在解决现实世界非线性滤波问题方面的特殊优势和广泛的适用性。

在卫星遥感领域,Movaghati等人[37]使用粒子滤波算法实现了基于卫星图片的道路提取。在化工领域,Tang等人[38]提出了使用粒子滤波算法实现混合染液染料浓度的测定,将粒子滤波算法的应用领域拓展到了化工领域。

在金融经济领域,粒子滤波算法被成功应用于期权定价[39]、商品价格分析[40]等问题。

目前我国科技领域关于粒子滤波算法研究及应用的个人及团体不断增多,无论是在理论研究方面,还是在移动机器人、目标跟踪、图像处理、神经网络、计算机视觉等领域的应用[41]方面,都取得了丰硕的成果,这将极大地激发我国各领域学者对粒子滤波算法的研究热情。

1.5 小结

本章作为开篇,简单介绍了粒子滤波的发展过程及特点,推荐读者阅读文献[1-5],这些文献基本是经典算法的源头,建议精读。其他文献为粒子滤波的应用进展,相应研究领域的读者可选读。

1.6 参考文献

[1] Anderson, B.D.andmoore, J.B.(1979). Optimal Filtering, Prentice-Hall, NewJersey. Andrien, C, deFreitas, J, F. G. andDoucet, A. (1999a). Sequential Bayesian estimation and model selection applied to neural networks, Technical Report CUED/F-INFENG/TR341,

Cambridge University Engineering Department.

[2] Julier, S.J. and Uhlmann, J. K. (1996)A General Method for Approximating Nonlinear Transformations of Probability Distributions, Technical report, RRG, Dept. of Engineering Scinece, University of Oxford.

[3] Doucet, A(1998). On sequential simulation-based methods for Bayesian filtering, Technical Report CUED/F-INFENG/TR 310, Department of Engineering, Cambridge University.

[4] Doucet, A.. deFreitas. J. F. G. andGordon. N. (2000). Introduction to sequential Monte Carlo methods, in A. Doucet, J. F. G. de Freitas and N. J. Gordon(eds), Sequential Monte Carlo Methods in Practice, Springer-Verlag.

[5] Gordon. N. J.. Salmond. D. J. and Smith. A. F. M. (1993). Novel approach to nonlinear/non-Guassian Bayesian state estimation, IEE Proceedings-F 140(2): 107-113.

[6] IsardM, Blake A. Condensation-Conditional density propagation for visual tracking. International Journal of Computer Vision, 1998, 29(1): 5-28.

[7] OronS, Bar-Hillel A, Levi D, Avidan S. Locallyorderless tracking//Proceedings of the International Conference on Computer Vision and Pattern Recongnition. Providence, Rhode Island , 2012: 1940-1947.

[8] Duffner S, Odobez J. Dynamic partitioned sampling for tracking with discriminative features//Proceedings of the British Machine Vision Conference. London, UK, 2009: 73. 1-73. 11.

[9] Li M, Chen W, Huang K, Tan T. Visual tracking via incremental self-tuning particle filtering on the affine group//Proceedings of the International Conference on Computer Vision and Pattern Recognition. San Francisco, USA, 2010: 1315-1322.

[10] Wang X, Zhang X, Yu X, Wan W. Annealed particle filter based on particle swarm optimization for articulated threedimensional human motion tracking. Optical Engineering, 2010, 49(1): 1-11.

[11] Rincon J, Nebel J, Makris D, Graph-based particle filter for human tracking with stylistic variations//Proceedings of the British Machine Vision Conference. Dundee, UK, 2011: 105. 1-105. 11.

[12] Kwon J , Lee K. Wang-Landau Monte Carlo-based tracking methods for abrupt motions. IEEE Transactions on Pattern Analysis and Machine Intelligence, 2013, 35(4): 1011-1014.

[13] Zhou X, Lu J, Zhou J. Abrupt motion tracking via intensively adaptive Markov-chain Monte Carlo sampling. IEEE Transactions on Image Processing, 2012, 21(2): 789-801.

[14] Gustafsson F, Gunnarsson F, Bergman N, et al. Particle filters for positioning, navigation and tracking. IEEE Transactions on Signal Processing, 2002, 50(2): 425-437.

[15] Gustafasson F, Particle filter theory and practice with positioning application. IEEE A&E Systems Magazine, 2010, 25(7): 53-81.

[16] Wang J, Guo Q, Lin Y. A Kalman particle filter for bearingonly target tracking. Journal of

Computational Information Systems, 2011, 7(15): 5628-5635.

[17] Liu J, Hu Y. Adaptive MCMC particle filter for tracking maneuvering target//Proceedings of Chinese Control Conference. Yantai, Chain, 2011: 3128-3133.

[18] Wang J, Fan B, Li Y, Zhang Z. A novel interacting multiple model particle filter for maneuvering target tracking in clutter. Progress in Electromagnetics Research C, 2013, 35(1): 177-191.

[19] Ohlmeyer E, Menon P, Application of the American Control Conference. Washington, USA, 2013: 6181-6186.

[20] Kim J, Vaddi S, Menon P, Ohlmeyer E. Comparison between nonlinear filtering techniaues for spiraling ballistic missile state estimation. IEEE Transaction on Aerospace and Electronic Systems, 2012, 48(1): 313-328.

[21] Mihaylova L, Angelova D, Honary S, et al. Mobility tracking in cellular networks using particle filtering. IEEE Transactions on Wireless Communicationd, 2007, 6(10): 3589-3599.

[22] Mihaylova L, Angelova D, Zvikhachevskaya A. Sequential Monte Carlo methods for localisationinwireless networks//Georgieva P, Mihaylovaeds. Advances in Intelligent Signal Processing and Data Mining: Theory and Appliactions. Berlin Heidelberg: Springer-Verlag, 2013: 89-118.

[23] Yoshida Y, Hayashi K, Sakai H, Bocquet W. Marginalized particle filter for bilnd signal detection with analog imperfections. IEICE Transactions on Communications, 2010, E93-(2): 336-338.

[24] Lehmann F. Blind estimation and detection of space-time trellis coded transmissions over the rayleighfeding MIMO channel. IEEE Transmissions on Communications, 2008, 56(3): 334-338.

[25] Honang H, Kwan B. Suboptimal particle filtering for MIMO flat feding channel estimation. International Journal of Communication Systems, 2011, 26(3): 356-368.

[26] Suh Y, Cho M, Lee K. Graph matching via sequential Monte Carlo//Proceedings of the European Conference on Computer Vision. Florence, Italy. 2012: 624-637.

[27] Dalca A, Danaglia G, Kikinis R, et al. Segmentation of nerve bundles and ganglia in spine MRI using particle filters. Lecture Notes in Computer Science, 2011, 6893(3): 537-545.

[28] Tang Y, Bai X, Yang X et al. Skeletonization with particle filters. International Journal of Pattern Recognition and Artificial Intelligence, 2010, 24(4): 619-634.

[29] Lu C, Latecki L, Zhu G. Contour extraction using particle filters//Proceedings of the International Symposium on Visual Computing. Las Vegas, USA, 2008: 192-201.

[30] Widynski N, Mignotte M. A particle filter framework for contour detection//Proceedings of the European Conference on Computer Vision. Firenze, Italy, 2012: 780-793.

[31] WidynskiN, Mignotte M. A particle filter framework for contour detection//Proceedings of

the European Conference on Computer Vision. Firenze, Italy, 2012: 780-793.

[32] Zhao Qing-Jie, Chen Yun-Jiao, Zhang Li-Qun, On-line estimation of Jacobian matrix based on particle filter. Transactions of Beijing Institute of Technology, 2008, 28(5): 401-404.

[33] Ma J, ZhaoQ, Robot visual servo with fuzzy particle filter. Journal of Computers, 2012, 7(4): 842-845.

[34] Ibarguren A, Martinez-Otzeta J, Maurtua I. Particle filtering for industrial 6DOF visual seRvoing. Journal of Intelligent & Robotic Systems, 2013, doi: 10. 1007/s10846-013-98542.

[35] Zhu Ji-Hua, Zheng Nan-Ning, Yuan Zhe-Jian, He YoungJian. A SLAM approach by combining ICP algorithm and particle filter. ACTA AutomaticaSinica, 2009, 35(8): 1107-1113.

[36] RahniA, Lewis E, Guy M, et al. A particle filter approach to respiratory motion estimation in nuclear medicine imaging. IEEE Transactions on Nuclear Science, 2011, 58(5): 2276-2285.

[37] MovaghatiS, Moghaddamjoo A, Tavakoli A. Road extraction from satellite images using particle filtering and extended Kalmanfiltering. IEEE Transactions on GeoScience and Remote Sensing, 2010, 48(7): 2807-2817.

[38] Tang Yi-Ping, Jin Fu-Jiang, Zhang Zhi-Bin, Wang Xue-Yuan. Determination of individual dye concentrations in mixed reactive dye liquors by particle filter. CIESC Journal, 2011, 62(8): 2265-2269.

[39] Creal D. A survey of sequential Monte Carlo methods for econmics and finance. Econome Reviews, 2012, 31(3): 245-296.

[40] Duan J, Hardle W, Gentle J. Handbook of Computational Finance. Berlin Heidelberg: Springer-Verlag, 2012.

[41] 王法胜，鲁明羽，赵清杰，袁泽剑. 粒子滤波算法[J]. 计算机学报，2014，37(8): 1679-1693.

第 2 章 编 程 基 础

MATLAB 是美国 MathWorks 公司出品的商业数学软件，用于算法开发、数据可视化、数据分析及数值计算的高级技术计算语言和交互式环境，主要包括 MATLAB 和 Simulink 两大部分。经过多年的发展和多个版本的升级，如今的 MATLAB 功能已经非常强大了，它是当今最流行的计算机仿真软件之一。

2.1 MATLAB 简介

2.1.1 MATLAB 发展历史

MATLAB 的产生是与数学计算紧密联系在一起的。在 1980 年，美国新墨西哥州大学计算机系主任 Cleve Moler 在给学生讲授线性代数课程时，发现学生在高级语言编程上花费很多时间，于是着手编写供学生使用的 Fortran 子程序库接口程序，取名为 MATLAB（Matrix Laboratory 的前三个字母的组合，意为"矩阵实验室"）。这个程序获得了很大的成功，受到学生的广泛欢迎。

20 世纪 80 年代初，Moler 等一批数学家与软件专家组建了 MathWorks 软件开发公司，继续从事 MATLAB 的研究和开发工作。1984 年推出第一个 MATLAB 商业版本，其核心是用 C 语言编写的。之后，MATLAB 又增加了丰富多彩的图形图像处理、多媒体、符号运算，以及其他流行软件的接口功能，至此 MATLAB 的功能逐渐强大。

具有划时代意义的是在 1992 年，MathWorks 公式正式推出 MATLAB 1.0 版本；到了 1999 年，MATLAB 5.3 版本进一步改进了原有功能，同时 Simulink 3.0 版本也达到了较高水准；在 2000 年 10 月，MATLAB 6.0 版本出现，其无论是在操作界面，还是程序发布窗口、历史信息窗口和变量管理窗口，在操作和使用上都给用户提供了很大的方便；2001 年，MathWorks 公式又推出了 MATLAB 6.1 版/Simulink 4.1 版，其虚拟现实工具箱给仿真结果在三维视景下显示带来了新的解决方案；2003 年 6 月推出了 MATLAB Release 13，即 MATLAB 6.5/Simulink 5.0，在核心数值算法、界面设计、外部接口和应用等诸多方面都有极大的改进；2004 年正式推出 MATLAB Release 14，即 MATLAB 7.0/Simulink 6.0，这是一个具有里程碑意义的版本。此后，几乎每年的 3 月和 9 月 MathWorks 公司都会推出当年的 a 版和 b 版。目前的最新版本是 MATLAB 2015a。

MATLAB 是目前国际上最流行的科学计算与工程仿真软件工具之一，现在的 MATLAB 已经不仅是过去的"矩阵实验室"了，它已经成为具有广泛应用前景的、全新的计算机高级语言，可以说它是"第四代"计算机语言。自 20 世界 90 年代以来，美国和欧洲各国家已将 MATLAB

正式列入研究生和本科生的教学计划，MATLAB 软件已经成为应用代数、自动控制理论、数理统计、数字信号处理、时间序列分析和动态系统仿真等课程的基本教学工具，成为学生必须掌握的基本软件之一。在研究所和工业界，MATLAB 也成为工程师们必须掌握的一种工具，被认为是进行高效研究与开发的首选软件工具。

2.1.2　MATLAB 7.10 的系统简介

自 MATLAB 6.5 版本以后，各版本的界面风格都很相似，操作原理也大同小异。无论采用哪一个版本，使用及操作都不会有很大的变化。本书采用的是 2010 年 3 月 5 日发布的 MATLAB 7.10 版本，建造编号 R2010a。在安装好并运行 MATLAB 软件时，会出现如图 2-1 所示的启动界面。

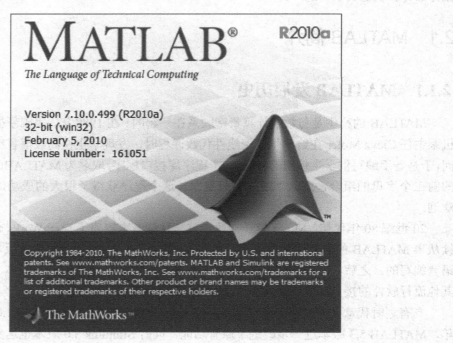

图 2-1　MATLAB 7.10 系统启动

MATLAB 7.1 版本以后，建造编号已经与发布年份关联，如 MATLAB 7.14 建造编号为 R2012a，此后为 MATLAB 8.x 系列，最新版本为 MATLAB 8.5，建造编号 R2015a。MATLAB 的版本不是最重要的，请读者无须纠结，只要版本为 7.0 及以上，本书中所涉及的编程及仿真就都能实现。

MATLAB 7.10 的系统界面如图 2-2 所示，它与之前的 7.0 版、6.5 版系统界面相差无几。系统界面主窗口中包括主菜单、工具栏、当前窗口（Current Directory）、工作空间窗口（Workspace）、命令历史窗口（Command History）等。最核心的则是命令窗口（Command Window），它在界面的正中间。经常地，在移动各窗口时会发生窗口布局紊乱，如果想恢复系统默认布局，可以单击主菜单 Desktop→Desktop Layer→Default，实现恢复默认窗口布局。

第 2 章 编程基础

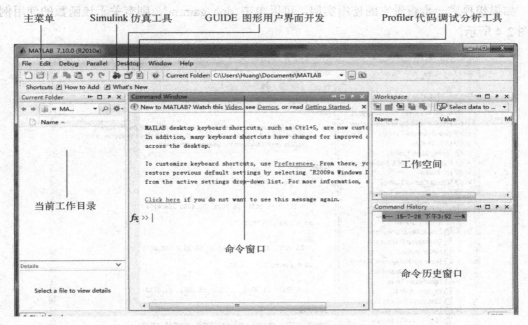

图 2-2 MATLAB 7.10 的系统界面

在命令窗口中，可以执行 MATLAB 的语句指令。例如，想得到 $\sin(\pi/4)$ 的值，可以在命令窗口中输入 sin(pi/4)，可以得到如下结果：

```
>> sin(pi/4)
ans = 0.7071
```

另外，如果遇到任何不懂的函数，都可以直接在命令窗口输入 help，查看该函数的功能和实例，通过 help 查阅 MATLAB 的文档说明，是每一个初学者快速掌握 MATLAB 的有效方法。例如，在做目标跟踪时，噪声符合伽马分布，那么我们如何用这个伽马分布的函数呢？可以在命令窗口中输入 help gamrnd，得到图 2-3 所示的结果。

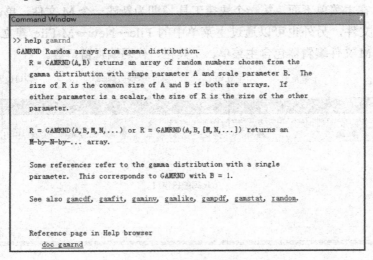

图 2-3 help 帮助系统

13

如果想再进一步查看它的使用实例，可以单击 doc gamrnd，则有关于该函数的使用例子如图 2-4 所示。

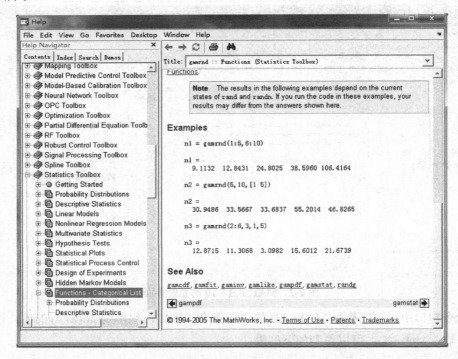

图 2-4 help 文档说明

2.1.3 M-File 编辑器的使用

当用户要运行的指令较多时，不能总在命令窗口调试，那样太费时间了。MATLAB 的 M 文件编辑器能解决这一问题，用户可以将一组相关的指令编辑在同一个 ASCII 码命令文件中，即所谓的编程。在主菜单下面，第一个快捷工具 □ 即为新建一个 M 文件，单击它可以建立一个未命名的 M 文件，另外也可以通过主菜单中的 File→New→M-File 建立一个新的文档，如图 2-5 所示。M 文件编辑器包含主菜单、工具栏、代码编辑窗口等。

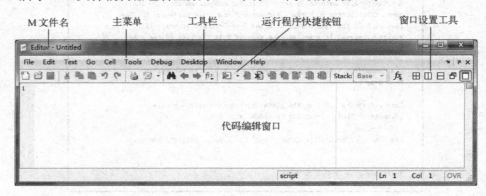

图 2-5 M 文件编辑器

现在开始写第一个 MATLAB 程序。按照上述方法，创建一个 M 文件，在代码编辑窗口中输入以下程序。

```
%%%%%%%%%%%%%%%%%%%%%%%%%%%%%%%%%%%%%%%%%%%%%%%%%%%%%%
% 程序说明：第一个 M 程序，做简单的数值计算、输出、画图
%%%%%%%%%%%%%%%%%%%%%%%%%%%%%%%%%%%%%%%%%%%%%%%%%%%%%%
% 数值计算，语句结束不加分号，可以在命令窗口查看结果
value=sin(pi/4)+cos(1)+log(2)
% 在命令窗口输出文本
disp('Hello World');
% 画一个正弦函数
t=0:0.5:2*pi;
y=sin(t);
plot(t,y,'-ko','MarkerFace','g')
```

代码输入完毕，按 Ctrl+S 组合键或单击 M 编辑器的"保存"按钮，把 M 文件名写为 exe2_1.m，然后单击工具栏中的运行程序按钮（Run），运行结果如图 2-6 所示。

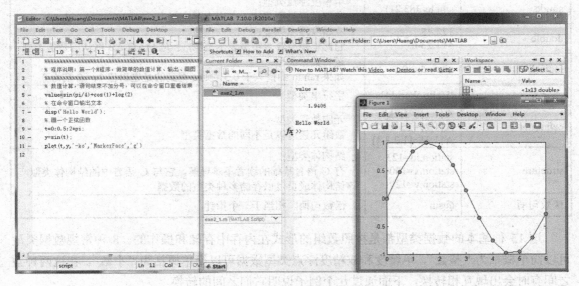

图 2-6 第一个程序运行结果

注意，MATLAB 文件、函数、变量的命名中，建议用字母、下画线和数字命名，且数字不能放在首位置，这点与 C 语言相似。例如，上面将文件名命名为 exe2-1.m、2.1exe.m 等都是不对的。

2.2 数据类型和数组

本节重点介绍 MATLAB 内置的数据操作方法，首先介绍数据类型，重点介绍数值类

型，然后介绍 MATLAB 最重要的数组。数组的概念和操作是本节的重点，希望读者熟练掌握。

2.2.1 数据类型概述

MATLAB 中有 15 种基本的数据类型，如表 2-1 所示，分别是 8 种常规数据类型（int8、uint8、int16、uint16、int32、uint32、int64、uint64）、单精度浮点数、双精度浮点数、逻辑数据类型、字符串类型、元胞数组、结构体、函数句柄。另外，为了和高级语言交叉编译，MATLAB 有用户自定义的面向对象的用户类类型和 Java 类类型。

表 2-1 MATLAB 中的数据类型

数据类型	示例	说明
int8，uint8 int16，uint 16 int32，uint 32 int64，uint 64	a=uint16(8000) b=int8(123.5)	有符号和无符号的整数类型； 大部分整数类型占用比浮点类型更少的内存空间； 除了 int64 和 uint64 类型外的所有整数类型，都可以用在数学计算中
single	single(383.21)	单精度浮点类型； 和双精度类型相比，占用内存空间少
double	123.45 4+1.234i	双精度浮点类型； 它比单精度浮点类型表示范围广，是 MATLAB 默认的数值类型
logical	a=randn>0.5	逻辑数据类型； 如果 randn 的值大于 0.5，则 a 得到的是逻辑值 1，否则为 0
char	'Hello World !'	字符串类型
cell array	A{1,1}='Jack' A{1,2}=25 A{1,3}=[1,2;3,4]	元胞数组类型； 数组元素可以是不同的数据类型
structure	station.id=123 station.x=100 station.y=120	结构体类型； 有 C 语言基础的读者不难理解，它与 C 语言中的结构体类似，该结构体成员可以存储多种类型的数据
函数句柄	@sin	函数句柄，相当于一个指针

这 15 种基本的数据类型都是按照数组的形式在内存中存储和操作的。8 种常规数据类型可以简单概括为"整数"，单精度和双精度浮点类型数据可以简单概括为"小数"。在这两种数之间有时会出现互相转换，下面通过几个例子说明它们之间的转换。

例： 将浮点数 128.4 转换为整数。

方法 1：a=int8(128.4)，结果为 a=127，高位溢出，因为 128.4 超出了 int8 的表示范围（$-2^7 \sim 2^7$）。这时候用 a=int16(128.4)，则 a=128。

方法 2：利用向最接近的整数靠近取整 round() 函数，即 a=round(128.4)，得到 a=128，因为小数部分是 0.4<0.5，用该函数时若小数部分大于等于 0.5 则舍弃小数部分，整数部分加 1，如 round(128.5)=129。

方法 3：利用向 0 取整函数 fix(x)，即 a=fix(128.4)，结果为 a=128。fix(-128.4)=-128。

方法 4：利用向不大于 x 的最接近整数取整 floor(x)。floor(128.4)=128，floor(-128.4)=-129，请注意其与 fix(x) 函数的区别。

方法 5：利用向不小于 x 的最接近整数取整 ceil(x)。ceil(128.4)=129；ceil(-128.4)=-128。请注意其与 floor(x)的对比。

2.2.2 数组的创建

按照数组元素的个数和排列方式不同，MATLAB 中的数组可以分为：
（1）没有元素的空数组（empty array）。
（2）只有一个元素的标量（scalar），它实际上是一行一列的数组。
（3）只有一行或一列元素的向量（vector），分别叫作行向量和列向量，也统称为一维数组。
（4）普通的具有多行多列的二维数组。
（5）超过二维的多维数组。

例 1：创建一个空数组 A。

```
>> A=[]    % 矩阵右边是一个中括号包围的空矩阵
```

例 2：创建一个一维的数组 A。
方法 1：A=[1,2,3,4,5]。
方法 2：A=ones(1,5)，结果为：

```
A =
     1     1     1     1     1
```

方法 3：通过冒号来创建。

```
>> A = 1:5
A =
     1     2     3     4     5
```

例 3：创建一个二维数组 A。
方法 1：A = [1 2 3;4,5,6;7 8 9]。注意元素之间可以用空格隔开也可以用逗号隔开，同时分行符号必须用分号。
方法 2：A=zeros(3,3)，A=ones(3,3)等。创建一个 3 行 3 列的，每个元素为 0 或 1 的元素。
方法 3：A=[1:3;linspace(4,6,3);7 8 9]，在命令窗口中的运行结果如下：

```
A =
     1     2     3
     4     5     6
     7     8     9
```

冒号的作用，如 1:N，它表示的意思是从 1 开始，每次增加 1 直到 N，若指定增长步长，如 1:2:N，则表示从 1 开始每次增加 2，一直到小于等于 N 的最大整数。如在命令行输入 1:2:10，得到以下结果：

```
>> 1:2:10
ans =    1     3     5     7     9
```

linspace(start,stop,n)函数的作用是产生一个从 start 开始的，最后一个是 stop 的等差数列，公差为(stop-start)/(n-1)。

例 4：创建一个三维数组。

创建三维或更高维的数组，无法直接赋值得到，需要通过指定索引把二维数组扩展成多维的，或者通过 MATLAB 内部的函数，如 ones()、zeros()、cat()等。

方法 1：通过索引将二维数组扩展成多维数组。

```
A=zeros(2,2,3)    % 定义一个三维数组 A 并将其所有元素初始化为 0
A(:,:,1)=[1,2;3,4]  % 将阵列 1 赋值一个 2 行 2 列的矩阵
A(:,:,2)=[5,6;7,8]  % 将阵列 2 赋值一个 2 行 2 列的矩阵
A(:,:,3)=[9,10;11,12]  % 将阵列 3 赋值一个 2 行 2 列的矩阵
```

在这里，冒号所在的位置表示该维的全部索引。例如，A(:,:,1)表示阵列 1 的所有行（2 行）和所有列（2 列）。

方法 2：用 cat()函数创建。

```
A=[1,2;3,4];
B=[5,6;7,8];
C=cat(3,A,B)  %按照第 3 维将 A 和 B 连接起来
```

最后，读者请注意，在创建任何一个数组时，建议先用 zeros()函数初始化，然后对各元素值赋值。

2.2.3 数组的属性

MATLAB 中提供了大量的函数，用于返回数组的各种属性，包括数组的排列结构、数组的尺寸大小、维度、数组数据类型，以及数组在内存中占用的空间情况等。这里通过例子重点介绍数组的尺寸大小和维度的获取方法。

例 1：用 size()函数获取任意一个数组的大小。

```
>> A=[];  % 空数组
>> size(A)
ans =
     0    0
>> B=[1,2,3;4,5,6];  % 2 行 3 列的数组
>> size(B)
ans =
     2    3
```

可见 size(A)函数得到是数组的行和列。另外也可以用 length(A)函数，当 A 是一维数组时，length(A)返回的是 A 数组的元素个数；当 A 是二维数组时，length(A)返回 size(A)得到的行和列中较大的那个值。

例 2：用 length 获得矩阵 A 的每一维度的元素个数。

```
>> A=randn(3,4,5,2);  % 用随机函数产生了一个 4 维数组
```

```
>> n1=length(A(:,4,5,2))   % 返回第 1 维的长度
n1 = 3
>> n2=length(A(3,:,5,2))   % 返回第 2 维的长度
n2 = 4
>> n3=length(A(3,4,:,2))   % 返回第 3 维的长度
n3 = 5
>> n4=length(A(3,4,5,:))   % 返回第 4 维的长度
n4 = 2
```

例 3：获得数组的维度。

空数组、单个元素、一维数组，在 MATLAB 里都将其视为二维数组对待，因为它们都至少具有两个维度（至少具有行和列两个方向）。用 ndims()函数获取数组的维度。

```
>> A=[];
>> ndims(A)
ans =2
>> A=zeros(2,3);
>> ndims(A)
ans =2
>> A=randn(2,2,3);
>> ndims(A)
ans =3
```

2.2.4　数组的操作

数组的操作主要有对数组的索引和寻址、数组的裁剪和元素删除、数组形状的改变、数组的运算及数组元素的排序等。这些数组的操作方法，希望读者一定要认真掌握，在编程仿真中会有大量的数据处理，如果不能灵活操作数组，编程一定会很吃力。下面通过例子来讲解数组的主要操作方法。

例 1：对数组元素的索引与寻址。

```
>> A=rand(3,4)    % 用随机分布函数产生一个 3 行 4 列的数组
A =
    0.9501    0.4860    0.4565    0.4447
    0.2311    0.8913    0.0185    0.6154
    0.6068    0.7621    0.8214    0.7919
>> A(2,3)       % 双下标索引访问的数组的第 2 行第 3 列的元素
ans =0.0185
>> A(3)         % 单下标索引第 3 个元素（即第 3 行第 1 列元素）
ans =0.6068
>> A(4)         % 单下标索引第 4 个元素（即第 1 行第 2 列元素）
ans =0.4860
>> A(1:2)       % 单下标索引第 1 到第 2 个元素
ans =0.9501    0.2311
>> A(2,1:3)     % 双下标索引第 2 行，第 1 到 3 列元素
ans =0.2311    0.8913    0.0185
```

```
>> A(:,[1,3,4])          % 双下标索引,所有行的第1、3、4列
ans =
    0.9501    0.4565    0.4447
    0.2311    0.0185    0.6154
    0.6068    0.8214    0.7919
```

例2:对数组元素的裁剪和删除。

```
>> A=magic(6)            % 产生6*6的魔方数组
A =
    35     1     6    26    19    24
     3    32     7    21    23    25
    31     9     2    22    27    20
     8    28    33    17    10    15
    30     5    34    12    14    16
     4    36    29    13    18    11
>> B=A(1:2,1:2:5)        % 提取数组A第1到2行的1、3、5列赋给B
B =
    35     6    19
     3     7    23
>> C=A(1,[2,4,6])        % 将数组A的第一行中第2、4、6列元素赋给C
C =
     1    26    24
>> D=A(3:8)              % 将数组A的第3到8个元素赋给D
D =
    31     8    30     4     1    32
>> A([2,4,5,6],:)=[]     % 将数组A的2、4、5、6行删除
A =
    35     1     6    26    19    24
    31     9     2    22    27    20
>> B=[1 2;3 4];
A=[A B]                  % 数组的扩展,将B数组添加到A数组的后面
A =
    35     1     6    26    19    24     1     2
    31     9     2    22    27    20     3     4
```

例3:数组的转置。
MATLAB 中进行数组转置最简单的方法是通过转置操作符(′)。

```
>> A=[1 2;3 4]
>> A'
ans =
     1     3
     2     4
```

例4:数组的加减乘除运算。

```
>> A=[1 2 3;4 5 6;7 8 9]
```

```
>> B=diag([3 2 1])
>> A-B    % 数组的减法运算
ans =
    -2     2     3
     4     3     6
     7     8     8
>> A+B    % 数组的加法运算
ans =
     4     2     3
     4     7     6
     7     8    10
>> A*B    % 数组的乘法运算
ans =
     3     4     3
    12    10     6
    21    16     9
>> A^3    % 数组的乘方运算
ans =
     468        576        684
    1062       1305       1548
    1656       2034       2412
>> A/B    % 数组的除法运算
ans =
    0.3333    1.0000    3.0000
    1.3333    2.5000    6.0000
    2.3333    4.0000    9.0000
>> A*inv(B)   % 与A/B运算是等价的
ans =
    0.3333    1.0000    3.0000
    1.3333    2.5000    6.0000
    2.3333    4.0000    9.0000
```

例5：数组的排序。

```
>> A=rand(1,5)
A =
    0.4447    0.6154    0.7919    0.9218    0.7382
>> sort(A)
ans =
    0.4447    0.6154    0.7382    0.7919    0.9218
```

默认情况下，sort()函数对数组是按照升序排列的，读者可以利用 help sort 查看 sort()函数其他排序方式的使用方法。

数组是 MATLAB 中各种变量存储和运算的通用数据结构。希望读者重点掌握，这对今后的编程非常有帮助。

2.2.5 结构体和元胞数组

本小节介绍 MATLAB 中两种复杂的数据类型：结构体（Structure）和元胞数组（Cell Array）。这两种类型类似数组，都可以存储不同类型的数据，在程序中应用广泛，本小节主要介绍这两种数据类型的创建、内部数据的索引寻址及与其相关的操作函数。

1. 结构体

结构体的创建有两种方法：直接采用赋值语句给结构体的字段赋值；通过结构体创建函数来创建。

例1：通过对字段赋值创建结构体。

```
station.name='s1';
station.x=100;
station.y=120;
```

通过"结构体名称.字段名称"的形式对结构体创建和赋值。上例中创建了一个基站（station）结构体，并将名称（name）字段赋值为's1'，将基站的坐标（x,y）设为（100,120）。同理，可以创建结构体数组，如：

```
station(1).name='s1', station(1).x=100, station(1).y=120;
station(2).name='s2', station(2).x=101, station(2).y=121;
station(3).name='s3', station(3).x=102, station(3).y=123;
```

这里采用对结构体数组分别赋值法，创建一个含有 3 个元素的结构体数组，每个结构体对象都有名称和坐标属性。如果要获取它们的数值，如要得到其中一个结构体的 x 坐标，可以将其直接赋给某个变量，如：

```
xx= station(1).x
```

例2：通过 struct 创建结构体。

```
>> StationGroup=struct('name',{'s1','s2','s3'},'x',{100,101,102},'y',{120,121,122})
```

struct（字段名称，字段值，字段名称，字段值……），通过该方法创建了一个结构体数组。通过下标索引的方式访问其中一个成员，如：

```
>> StationGroup(1)
ans =
    name: 's1'
       x: 100
       y: 120
```

例3：结构体的嵌套。

```
station.position.x=10;
```

```
        station.position.y=11;
        station.id.newid.n=3;
```

可见结构体可以有多个字段,每个字段也可以继续成为结构体,这就是结构体的嵌套。

2．元胞数组

可以通过直接赋值法和 cell 函数法创建元胞数组。在元胞数组中,经常要用到花括号{},它有两种使用方法。

(1)花括号用在下标索引上,则出现在赋值语句等号左侧,那么右侧只写索引表示的元胞内的数据,例如:

```
>> A{1,1}=rand(2)      % 直接赋值法创建元胞数组
A =
    [2x2 double]
>> A{1,2}=randn(3)     % 直接赋值法创建元胞数组
A =
    [2x2 double]    [3x3 double]
>> B=cell(2,2)         % cell 函数法创建元胞数组
B =
    []    []
    []    []
>> B{1,1}=rand(2)      % 索引元胞数组,并对其重新赋值
B =
    [2x2 double]    []
            []      []
```

(2)元胞数组左边是小括号,那么在赋值时等号右边必须用花括号,如果赋值的元素是数组,则需要用中括号,例如:

```
>> A(1,1)={1}          % 注意等号右边为花括号,单个元素可以不用中括号
A =
    [1]
>> A(1,2)={[1 2]}      % 含有多个元素,需要用中括号,表示为一个数组
A =
    [1]    [1x2 double]
>> value=A{1,2}(1,1)   % 索引元胞数组 A 的元素,与数组相似
value =1
```

2.3 程序设计

MATLAB 是一种高效的编程语言,和其他高级语言一样,MATLAB 也提供了循环语句、条件转移语句等一些常规的控制语句,而且与 C 语言的控制语句相似。

与程序流程控制有关的 MATLAB 关键字有 if、else、end、switch、case、otherwise、for、 while、continue、break 等。熟练掌握这些关键字，对于 MATLAB 编程至关重要。

在 MATLAB 中，注释为"%"，用在任意一条语句后，如：

```
C=3;    % 这是注释，如果将分号去掉，C 的值会显示在命令窗口
```

2.3.1 条件语句

条件语句主要有 if、switch 语句。if 语句的基本形式是 if-else-end，if 语句中可以嵌套多个 elseif 语句，常用的 if 语句的格式有：

```
if 条件表达式1
    分支语句1
elseif 条件表达式2  （elseif 可选）
    分支语句2
else
    分支语句（默认）
end
```

当条件表达式 1 为真时执行分支语句 1（否则查看是否满足条件表达式 2，如果该表达式为真，则执行分支语句 2），如果条件表达式为假，则执行默认的分支语句，最后结束。下面举例说明其具体的使用。

例1：计算 $f(x) = \begin{cases} 1 & x < -\pi \\ 3x & x > \pi \\ \sin(x) & -\pi \leqslant x \leqslant \pi \end{cases}$

```
x=10,fx=0;    % x 可以设置为任意值
if x<pi
    fx=1
elseif x>pi
    fx=3*x
else
    fx=sin(x)
end
```

switch 与 case 配合使用，值得注意的是在 MATLAB 中的 switch 表达式可以是字符串，其语句的格式如下：

```
switch 表达式（标量或字符串）
    case 值1
        语句1
        ⋮
    case 值n
        语句n
    otherwise
        默认语句
end
```

例 2：输入 2014 年的某个月份，输出该月份的天数。

```
n=4    % 输入 4 月份
switch(n)
    case 2
        result=28
    case 4
        result=30
    case 6
        result=30
    case 11
        result=30
    otherwise
        result=31
end
```

switch 语句中各分支结束无须用 break 关键词，这点与 C 语言不同，请读者注意。

2.3.2 循环语句

MATLAB 中的循环语句包括 for 循环和 while 循环两种类型。for 循环的基本格式为：

```
for 循环变量=起始值：步长：终止值
    循环体
end
```

步长默认值为 1，步长可以在正实数或负实数范围内任意指定，对于正数，循环变量的值大于终止值时，循环结束；对于负数，循环变量的值小于终止值时，循环结束。

例 1：计算 $sum = 1 + 2 + 3 + \cdots + N$，$N$=10。

```
sum=0
for n=1:10
    sum=sum+n
end
```

while 循环的格式如下：

```
while 表达式
    循环体
end
```

其执行方式为，如果表达式为真，则执行循环体的内容，执行后再判断表达式是否为真，若为假则跳出循环体，向下继续执行，否则跳出结束。

例 2：计算 $sum = 1 + 2 + 3 + \cdots + N$，当 sum>100 时停止。

```
sum=0;n=0;  %初始化
while sum<=100
    n=n+1
```

```
        sum=sum+n
    end
```

程序在 n=14 时结束，这时 sum=105。

在循环中，常常会用到 continue 和 break 语句。continue 语句表示当次循环不再继续向下执行，而是直接对循环变量进行递增，进入下一次循环；而 break 语句用于退出循环。

例 3：从 100 个随机数整数（大小范围是 0~50）中挑出大于 25 的数，并对它们求和，当和大于 150 时可以停止，并打印出挑出的整数。

```
%用 randint 函数产生 1 行 100 列，大小在 0-50 之间的随机整数
A=randint(1,100,[0 50]);
sum=0;
B=[];
for i=1:100
    if A(i)<=25
        continue;           % 小于 25 的数，继续下一轮
    else
        sum=sum+A(i);       % 对大于 25 的数求和
        B=[B A(i)];         % 对大于 25 的数插在 B 数组的后面，保存
    end
    if sum>150
        break;              % 如果和大于 150，则终止循环
    end
end
% 以下语句不加分号，可以在命令窗口看运行结果
sum
B
```

运行结果为：

```
sum = 161
B =  48   30   45   38
```

2.3.3 函数

和其他高级语言一样，MATLAB 中的函数接收输入参数（也可无输入参数），返回输出参数（也可无返回值），定义函数的关键字是 function。定义函数的格式如下：

```
function [ 输出参数1、输出参数2…] = 函数名（输入参数1，输入参数2，…）
```

建议在书写函数时，函数名与 M 文件名保持一致，例如，我们书写一个主函数，调用 M 文件编辑器，写入如图 2-7 所示的代码，单击"保存"按钮时，会默认 M 文件名为 main。子函数可以与主函数写在同一个 m 文件中，也可以单独保存为 M 文件。但是在运行时，一定要将它们放在同一工作目录下。

图 2-7 主函数和子函数

MATLAB 中有一种函数叫匿名函数，它通常是一行代码能写完的简单函数。与 M 文件一样，匿名函数可以接收多个参数，创建匿名函数的格式如下：

> fhandle=@ (参数列表) 表达式

符号@是 MATLAB 中创建函数句柄的操作符，表示创建由输入参数列表和表达式确定的函数句柄，并把这个函数句柄返回给变量 fhandle，这样就可以通过 fhandle 来调用定义好的这个函数了。例如：

```
>> myfun=@(x,y)(x+y^2)
myfun =
    @(x,y)(x+y^2)
>> myfun(1,2)
ans = 5
```

函数句柄实际上提供了一种间接调用函数的方法，MATLAB 提供的各种 M 文件函数和内部函数都可以创建函数句柄，通过函数句柄对这些函数实现间接调用。创建函数句柄的一般语法格式如下：

> fhandle=@function_filename

其中，function_filename 是函数对应的 M 文件的名称或 MATLAB 内部函数的名称。@是句柄创建操作符，fhandle 是保存函数句柄的变量。例如，fhandle=@sin 就创建了 MATLAB 内部函数 sin 的句柄，并保存在 fhandle 变量中，以后就可以通过 fhandle(x)来实现 sin(x)的功能。读者也可以编写自己的函数，如图 2-8 所示，自定义的子函数为 getmax(x,y,z)（函数体与图 2-7 实现的内容一致，只是将它单独保存在 M 文件中），通过 fd=@getmax 实现句柄创建，并用 fd(x,y,z)实现调用。

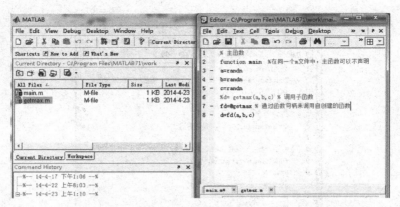

图 2-8 函数句柄的创建和调用

2.3.4 画图

MATLAB 中有各种画图函数可供读者调用，如 plot、plot3、bar、line 等。下面以 plot 函数为例，介绍如何利用其绘制各种不同的图形。plot 函数的语法格式如下：

```
plot(X1,Y1,LineSpec,…)
```

可以通过字符串 LineSpec 指定曲线的线性、颜色及数据点的标记类型。这在突出显示原始数据点和个性化区分多组数据的时候是十分有用的。

例如 "-.or" 表示采用点画线，数据点用圆圈标记，颜色是红色。MATLAB 默认用颜色区分多组曲线，但在只能黑白打印或显示的情况下，个性化设置曲线的线型就成为唯一的区分方法了。

表 2-2 列出了 MATLAB 中可供选择的曲线线型、颜色和标记类型，这对于其他 MATLAB 画图函数都是通用的。

表 2-2 LineSpec 可选字符列表

线型		颜色		数据点标记类型	
标识符	意义	标识符	意义	标识符	意义
-	实线	r	红色	+	加号
-.	点画线	g	绿色	o	圆圈
--	虚线	b	蓝色	*	星号
:	点线	c	蓝绿色	.	点
		m	洋红色	x	交叉符号
		y	黄色	s（或 squre）	方格
		k	黑色	d（或 diamond）	菱形
		w	白色	^	向上的三角形
				v	向下的三角形
				>	向左的三角形
				<	向右的三角形
				p（或 pentagram）	五边形
				h（或 hexagram）	六边形

例：用随机函数 randn 产生 3 组随机数，每一组 10 个，将数据用 plot 画出，并设置不同的线型和颜色。

```
% function main   % 主函数
A1=randn(1,10);
A2=randn(1,10);
A3=randn(1,10);
% 画图 1
figure
box on
hold on;           %在同一个 figure 中多次调用 plot，需要 hold
plot(A1,'-r')      %红色的实线
plot(A2,'-.g')     %绿色的点画线
plot(A3,'-b.')     %蓝色的实线，数据点为点
xlabel('X-axis')
ylabel('Y-axis')
% 画图 2
figure
box on
hold on; %在同一个 figure 中多次调用 plot，需要 hold
plot(A1,'-ko','MarkerFaceColor','r')   %黑色实线，红色圆圈数据点
plot(A2,'-cd','MarkerFaceColor','g')   %蓝绿色实线，绿色菱形数据点
plot(A3,'-bs','MarkerFaceColor','b')   %蓝色实线，蓝色方形数据点
```

程序运行结果如图 2-9 所示。

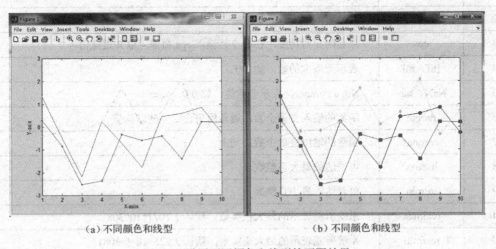

（a）不同颜色和线型　　　　　　　（b）不同颜色和线型

图 2-9　设置不同颜色和线型的画图结果

读者可以尝试不同的组合来画出各种精美的图形效果。同时读者还可以在 plot 绘图的同时设置曲线的线宽、标记点的大小、标记点内的填充颜色等。这些都是通过

plot(…,'PropertyName', PropertyValue,…)这样的语法格式来实现的，请参照表 2-3 中的参数说明。

表 2-3　绘图命令中可选 PropertyName

属性字段名称	意　义	选　　项
LineWidth	线宽	数值如 0.5，1，2.5 等
MarkerEdgeColor	标记点边框线条颜色	颜色字符，如 r、g、b
MarkerFaceColor	标记点内部填充颜色	颜色字符，如 r、g、b
MarkerSize	标记点大小	数值如 0.5，1，2.5 等

2.4　常用的数学函数

MATLAB 最重要、最强大的功能在于数学计算，因此要利用其进行编程仿真，必须掌握以下几个常用函数。

1. MATLAB 内部常数（见表 2-4）

表 2-4　MATLAB 内部常数

序　号	常数符号	含　　义
1	pi	圆周率 π
2	exp	自然对数的底数 e
3	eps	浮点的相对精度，在命令行输入 eps 命令可以知道该值
4	Inf、inf	表示无限大的数，如 1/0
5	NaN、nan	Not a number，表示非数值，如 0/0，∞/∞
6	nargin	函数的输入变量个数，通常用来设定一些默认值
7	nargout	函数的输出变量个数，同上
8	intmax	可表达的最大正整数
9	intmin	可表达的最小负整数
10	realmax	系统所能表示的最大正实数，默认 $1.7977*10^{308}$
11	realmin	系统所能表示的最大正实数，默认 $2.225*10^{(-308)}$
12	lasterr	存放最新的错误信息
13	lastwarn	存放最新的警告信息
14	i、j	基本虚数单位

2. MATLAB 基本数学函数（见表 2-5）

表 2-5　基本数学函数

序 号	常数符号	含 义
1	abs(x)	纯量的绝对值或向量的长度
2	sqrt(x)	开平方
3	exp(x)	自然指数
4	pow2(x)	2 的指数
5	log(x)	以 e 为底的对数，即自然对数
6	log2(x)	以 2 为底的对数，同理 log10(x)为以 10 为底的对数
7	mod()	函数的输出变量个数，同上
8	rem(x,y)	x 除以 y 的余数
9	gcd(x,y)	整数 x 和 y 的最大公因数
10	lcm(x,y)	整数 x 和 y 的最小公倍数
11	angle(z)	复数 z 的相角
12	real(z)	复数 z 的实部
13	imag(z)	复数 z 的虚部
14	conj(z)	复数 z 的共轭复数
15	fix(x)	无论正负，舍去小数至相邻整数
16	floor(x)	下取整，即舍去正小数至相邻整数
17	ceil(x)	上取整，即加入正小数至相邻整数

3. 三角函数

三角函数主要有 sin(x)、cos(x)、tan(x)、asin(x)、acos(x)、atan(x)、atan2(x,y)、sinh(x)、cosh(x)、tanh(x)、asinh(x)、acosh(x)、atanh(x)共 13 个，其中 atan2(x,y)在基于方位角目标跟踪中非常有用，根据 x、y 的值能直接判断哪个象限的角度。

4. 适用于向量的常用函数（见表 2-6）

表 2-6　与向量有关的常用函数

序 号	常数符号	含 义
1	min(x)	向量 x 的元素的最小值
2	max(x)	向量 x 的元素的最大值
3	mean(x)	向量 x 的元素的平均值
4	std(x)	向量 x 的元素的标准差
5	diff(x)	向量 x 的元素的相邻元素的差

续表

序 号	常数符号	含 义
6	sort(x)	对向量 x 的元素进行排序
7	length(x)	向量 x 的元素个数
8	norm(x)	向量 x 的欧氏长度
9	sum(x)	向量 x 的元素总和
10	prod(x)	向量 x 的元素总乘积
11	cumsum(x)	向量 x 的累计元素总和
12	cumprod(x)	向量 x 的累计元素总乘积
13	dot(x,y)	向量 x 和 y 的内积
14	cross(x,y)	向量 x 和 y 的外积

5. 常用随机函数（见表 2-7）

表 2-7 随机函数

序 号	常数符号	含 义
1	rand(m,n)	生成 0 到 1 之间的 m×n 的随机数矩阵
2	randn(m,n)	产生均值为 0、方差为 1 的 m×n 的矩阵
3	randi(m,n,[1,N])	产生 m×n 的 1~N 之间的随机整数矩阵（替代 randint）
4	binornd	二项分布的随机数生成器
5	exprnd	指数分布的随机数生成器
6	normrnd	正态（高斯）分布的随机数生成器
7	unidrnd	离散均匀分布的随机数生成器
8	unifrnd	连续均匀分布的随机数生成器
9	gamrnd	伽马分布的随机数生成器
……	……	……

6. 与矩阵有关的常数函数（见表 2-8）

表 2-8 与矩阵有关的常数函数

序 号	常数符号	含 义
1	zeros(m,n)	生成 m×n 的元素全为 0 的矩阵
2	ones(m,n)	生成 m×n 的元素全为 1 的矩阵
3	eye(n)	产生 n×n 的单位矩阵，对角线元素全为 1，其他为 0
4	diag([a,b,c])	产生对角矩阵
……	……	……

2.5 编程基础实践

如果读者编程基础不是很好,甚至是零基础,那么可以尝试实现以下几个编程问题。可以查阅资料,也可以上网搜索,初学者一定要勤于实践。如果能通过自己的努力,把下面程序功能实现,那么基本具备了 MATLAB 编程仿真基础,可以胜任后续的学习任务了。

例 1:A 是一个 1 行 N 列的矩阵,存放了均值为 5、方差为 4 的高斯白噪声,请用 plot 画出该噪声,并在图中标出均值和方差。观察 N 取 5、20、100 等不同值时图形的变化。N 取 100 时的运行结果如图 2-10 所示。

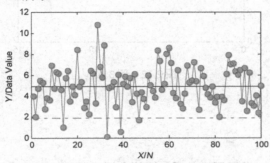

图 2-10 N 取 100 时的运行结果

例 2:表 2-9 是 2015 年个人所得税税率表,个税起征点为 3500 元,请画出图形显示月薪工资从 0～10 万元时所交的个人所得税金额图。参考结果示意图如图 2-11 所示。

表 2-9 个人所得税税率表

级 数	全月应纳所得额	税 率
1	不超过 1500 元	3%
2	超过 1500 元至 4500 元的部分	10%
3	超过 4500 元至 9000 元的部分	20%
4	超过 9000 元至 35 000 元的部分	25%
5	超过 35 000 元至 55 000 元的部分	30%
6	超过 55 000 元至 80 000 元的部分	35%
7	超过 80 000 元的部分	45%

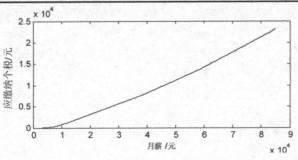

图 2-11 月薪与个人所得税的关系

例3：请用 MATLAB 编程实现。图 2-12 中，圆 1 内随机部署了 N_1=4 个随机数据点，圆 2 内随机部署了 N_2=4 个随机数据点，在圆 1 和圆 2 共同区域内随机部署了 N_3=3 个随机数据点。

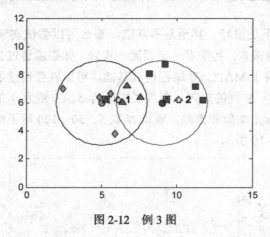

图 2-12 例 3 图

2.6 小结

本章从介绍 MATLAB 发展历史入手，简单介绍了 MATLAB 7.10 版本的系统。2.2 节介绍了 MATLAB 的数据类型，读者要重点掌握数组的概念和操作方法，在编程时应该能熟练使用数组操作的各种小技巧。2.3 节介绍了程序设计方法，主要有分支和循环的程序流程控制语句，接着介绍了函数的使用方法，最后是可视化绘图，MATLAB 强大的数据可视化功能，能为程序仿真提供各种输出。

本章是 MATLAB 在粒子滤波仿真应用中的基础，希望初学者认真掌握。同时希望读者能参阅其他介绍 MATLAB 编程的书籍，毕竟本书的重点不是介绍如何使用 MATLAB 编程，希望读者理解。对于有一定编程基础的读者，可以跳过本章的学习，进入第 3 章。

第 3 章 概率论与数理统计基础

粒子滤波是基于概率统计的一种滤波算法,因此在了解它之前,有必要先学习一下概率统计的基本知识。这里介绍的数理统计知识与粒子滤波的相关性较大,其他非相关知识点本章并不涉及。本章主要介绍概率论中的基本原理和 MATLAB 实现,便于读者对后续章节的理解。

3.1 基本概念

3.1.1 随机现象

在自然界和人类社会中经常遇到各种各样的现象,这些现象大体可以分为两类,分别是必然现象和随机现象。必然现象是指在一定条件下必然会出现的现象。例如,向上抛一石头,必然下落;异性电荷必然相互吸引;太阳从东边升起;等等。除了必然现象之外,还存在另一类现象。例如,在相同条件下抛同一枚硬币,其结果可能是正面朝上,也可能是反面朝上,并且在每次抛掷之前无法肯定抛掷的结果是什么;某地铁车厢早晨 7:00 到 8:00 等候乘车的人数可能是任意一个非负整数,但是事前无法预测其确切的数目;等等。这类现象的共同点是,即使条件完全相同,它们所产生的结果一般也不尽相同,或不能确切预言,这一特性称为随机性。很多现象正因为有随机性,才导致不可预测。我们把具有这种随机性的现象称为随机现象。但是人们经过长期实践并深入研究之后,发现这类现象在大量重复试验或观察下,它的结果却呈现出某种规律性。例如,多次重复抛掷一枚硬币得到正面朝上的次数大概有一半,地铁乘客某时段的人数呈现某种分布律等。这种在大量重复试验或观察中所呈现的固有规律就是统计规律性。

3.1.2 随机试验

在生活中,我们会做各种试验。在这里,我们把试验作为一个含义广泛的术语,它包括各种各样的科学实验,甚至对某一事物的某一特征的观测也认为是一种试验。下面举一些试验的例子。

$E(1)$:抛掷一枚硬币,观测正面 H、反面 T 出现的情况。

$E(2)$:抛掷一枚骰子,观测出现的点数。

$E(3)$:记录某城市 120 急救电话台 24 小时中接到呼叫的次数。

$E(4)$:在一批电池中随机抽取一只,测试它的使用寿命。

$E(5)$:记录蔬菜大棚中一天的最高温度和最低温度。

$E(6)$:观测一只自由下落的球体的位置(轨迹点)。

上面举出了六个试验的例子,它们有着共同的特点,例如,试验 $E(1)$ 有两种可能的结果,出现 H 或者出现 T，但是在抛掷之前不能确定是 H 还是 T 为最终结果，这个试验可以在相同条件下进行。又如试验 $E(4)$，电池寿命以小时计 $t \geq 0$，但是在测试之前不能确定它的寿命有多长，这一试验也可以在相同的条件下重复地进行。概括这些试验特点如下：

（1）可以在相同的条件下重复地进行；

（2）每次试验的结果不止一次，并且实现能明确试验的所有可能结果；

（3）进行一次试验之前不能确定哪一个结果会出现。

我们将具备以上三个特点的试验称为随机试验。

3.1.3 样本空间

对于随机试验，尽管每次试验之前不能预知试验结果，但是试验的所有可能结果组成的集合是已知的。我们将随机试验 E 的所有可能结果组成的集合称为 E 的样本空间，记为 S（注：有的书也记作 Ω），样本空间的元素，即 E 的每个结果，称为样本点。

下面写出第 3.1.2 小节中试验 $E(1) \sim E(6)$ 的样本空间 S。

$S(1):\{H,T\}$；

$S(2):\{1,2,3,4,5,6\}$；

$S(3):\{0,1,2,3\cdots\}$；

$S(4):\{t|t \geq 0\}$；

$S(5):\{(x,y)|T_0 \leq x \leq y \leq T_1\}$，这里的 x 表示最低温度，y 表示最高温度，并假设这一区域的温度不会低于 T_0，也不会高于 T_1。

$S(6):\{(x(k),y(k))|x=0,0 \leq y \leq H\}$；这里的 $x(k)$ 表示 k 时刻球的水平位置，$y(k)$ 表示 k 时刻垂直位置，H 表示高度。

注意，后续章节中介绍粒子集合的地方，希望读者对照样本空间的概念理解。

3.1.4 随机事件、随机变量

一般，我们称试验 E 的样本空间 S 的子集为 E 的随机事件，简称事件。在每次试验中，当且仅当这一子集中的一个样本点出现时，称为这一事件发生。E 的所有可能的结果的全体称为样本空间 S，不包含任何样本的空集 ϕ 称作不可能事件。

为了全面地研究随机试验的结果，揭示随机现象的统计规律性，我们将随机试验的结果与实数对应起来，也即将样本空间映射到实数空间，如图 3-1 所示，将随机试验的结果数量化，引入随机变量的概念。

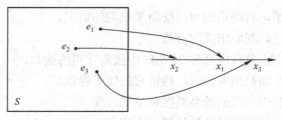

图 3-1 样本点与实数映射关系

样本空间 S 中，有若干个事件 e，将这些事件通过某种映射算法映射到实数域中，即：

$$S = \{e_1\ e_2\ \cdots\} \xrightarrow{f} X = X(e) \tag{3-1}$$

定义：设随机试验的样本空间 $S=\{e\}$，$X=X(e)$ 是定义在样本空间 S 上的实值单值函数，称 $X=X(e)$ 为随机变量。

随机变量的取值随试验的结果而定，而试验的各个结果出现有一定的概率，因而随机变量的取值有一定的概率，并且随机变量的取值随试验结果而定，在试验之前不能预知它取什么值。

随机变量可以帮助我们分析各种随机现象，使我们有可能利用数学分析的方法对随机试验的结果进行深入、广泛的研究和讨论。

3.2 概率与频率

3.2.1 相关定义

1. 概率的定义

设随机试验 E，S 是它的样本空间，对于 E 的每一事件 A 赋予一个实数，记为 $P(A)$，称为事件 A 的概率。概率具有如下条件或性质。

（1）非负性：对于每一个事件 A，都有 $P(A) \geqslant 0$。特别有 $P(\phi)=0$，$P(S)=1$，其中 S 为必然事件。

（2）可列可加性：设 $A_1, A_2, \cdots$ 是两两互不相容的事件，对于 $i \neq j$，$A_i A_j = \phi$，则有：

$$P(A_1 \cup A_2 \cup \cdots) = P(A_1) + P(A_2) + \cdots \tag{3-2}$$

（3）对于任一事件 A，$P(A) \leqslant 1$。因为 $P(A) \leqslant P(S) = 1$。

（4）逆事件的概率 $P(\overline{A}) = 1 - P(A)$。

（5）加法公式。对于任意事件 A，B 有：

$$P(A \cup B) = P(A) + P(B) - P(AB) \tag{3-3}$$

将该式推广到多个事件的情况，即对任意 n 个事件 $A_1, A_2, \cdots, A_n$，可以用归纳法证得：

$$\begin{aligned}
& P(A_1 \cup A_2 \cup \cdots \cup A_n) \\
&= \sum_{i=1}^{n} P(A_i) - \sum_{1 \leqslant i<j \leqslant n} P(A_i A_j) + \sum_{1 \leqslant i<j<k \leqslant n} P(A_i A_j A_k) + \cdots \\
&\quad + (-1)^{n-1} P(A_1 A_2 \cdots A_n)
\end{aligned} \tag{3-4}$$

2. 频率的定义

频率是指在相同条件下，进行 n 次试验，在这 n 次试验中，事件 A 发生的次数 n_A 称为事件 A 发生的频数。同时 n_A/n 称为事件 A 发生的频率，并记成 $f_n(A)$。即频率的定义如下：

$$f_n(A) = \frac{n_A}{n} \tag{3-5}$$

事件 A 发生的频率是它发生的次数与试验次数之比，其大小表示 A 发生频繁程度，频率大，事件 A 发生得就越频繁，这就意味着 A 在一次试验中发生的可能性就大，反之亦然。频率在蒙特卡洛原理中有重要的应用，因为蒙特卡洛实验中需要统计事件发生的次数，最终统计其频率。

在实际中，我们不可能对每一个事件都做大量的试验，然后求得事件的频率，用以表征事件发生可能性的大小，同时，为了理论研究的需要，我们从频率的稳定性和频率的性质中得到启发，给出表征事件发生可能性大小的概率的定义。

3. 频率与概率的相互关系

频率和概率的定义及概念之间的关系是，当试验次数 $n \to \infty$ 时，$f_n(A)$ 在一定意义下接近于概率 $P(A)$，即有如下定义：

$$\lim_{n\to\infty} f_n(A) = P(A) \tag{3-6}$$

正是因为有这样的近似关系，在用蒙特卡洛模拟时，我们能得到很多常规计算无法得到的结果。这层近似关系对计算机仿真模拟来说具有非常重要的意义。下面通过大数定律和中心极限定律对上面的结论做进一步论证。

3.2.2 大数定律

1. 贝努里（Bernoulli）大数定律

设 n_A 是 n 次独立重复试验中事件 A 发生的次数，p 是每次试验中 A 发生的概率，则：$\forall \varepsilon > 0$，有 $\lim_{n\to\infty} P\left(\left|\dfrac{n_A}{n} - p\right| \geqslant \varepsilon\right) = 0$，或者 $\lim_{n\to\infty} P\left(\left|\dfrac{n_A}{n} - p\right| < \varepsilon\right) = 1$

贝努里（Bernoulli）大数定律的意义在于：在概率统计定义中，事件 A 发生的频率为 $\dfrac{n_A}{n}$，在试验进入"稳定"状态时，事件 A 在一次试验中发生的概率为 p，且频率 $\dfrac{n_A}{n}$ 与 p 有较大偏差 $\left(\left|\dfrac{n_A}{n} - p\right| \geqslant \varepsilon\right)$ 是小概率事件。因而在 n 足够大时，可以用频率近似代替 p。这种稳定称为依概率稳定。

2. 辛钦大数定律

设 $X_1, X_2, \cdots, X_N, \cdots$ 是来自总体 $X(E(X)<\infty)$ 的简单随机样本，即 $X_1, X_2, \cdots, X_N, \cdots$ 独立同分布，则

$$P\left(\lim_{N\to\infty} \bar{X}_N = E(X)\right) = 1 \tag{3-7}$$

即

$$\bar{X}_N = \frac{1}{N}\sum_{i=1}^{N} X_i \xrightarrow{P} E(X) \tag{3-8}$$

辛钦大数定律表明，样本的均值与独立重复事件的均值趋于一致，只要样本容量 N 足够大。也就是说，只要实验次数足够多，那么实验样本的均值依概率收敛于特征值。

3.2.3 中心极限定律

设随机变量序列 $X_1, X_2, \cdots, X_n \cdots$ 独立，服从同一分布，且有期望和方差：

$$E(X_k) = \mu, \quad D(X_k) = \sigma^2 > 0, \quad k = 1, 2, \cdots$$

则对于任意实数 x：

$$\lim_{n \to \infty} P\left(\frac{\sum_{k=1}^{n} X_k - n\mu}{\sqrt{n}\sigma} \leqslant x \right) = \frac{1}{\sqrt{2\pi}} \int_{-\infty}^{x} e^{-\frac{t^2}{2}} dt \tag{3-9}$$

若令 $\bar{X} = \frac{1}{n} \sum_{k=1}^{n} X_k$，则

$$\frac{\sum_{k=1}^{n} X_k - n\mu}{\sqrt{n}\sigma} \sim N(0,1) \tag{3-10}$$

等价于：

$$\frac{\bar{X} - \mu}{\sigma/\sqrt{n}} \sim N(0,1) \tag{3-11}$$

于是有：

$$P\left(|\bar{X}_N - \mu| < \frac{u_\alpha \sigma}{\sqrt{n}} \right) \approx \Phi(u_\alpha) = 1 - \alpha \tag{3-12}$$

这表明，不等式：

$$|\bar{X}_n - \mu| < \frac{u_\alpha \sigma}{\sqrt{n}} \tag{3-13}$$

近似地以概率 $1-\alpha$ 成立。式（3-13）也表明，$\bar{X}_n$ 收敛到 μ 的阶为 $O(n^{-1/2})$。

3.3 条件概率

3.3.1 相关概念

条件概率是概率论中的一个重要而实用的概念。所考虑的是事件 A 已发生的条件下事件 B 发生的概率。下面先来了解几个重要的概念。

1. 先验概率

先验概率是指先于某个事件发生就知道的概率。即根据以往经验和分析得到的概率，通常是经验丰富的专家的纯主观的估计。

举个例子：假定有一对长相极为相似的双胞胎兄弟，单从长相上很难对两个人进行区分，但两个人的喜好存在较大差异，其中哥哥喜欢照相，弟弟却不喜欢。两人的父母为兄弟二人定制了一本内含 1000 张相片的相册，其中哥哥照片 900 张，弟弟照片 100 张，现从中任取一张照片，让你猜一下是哥哥的还是弟弟的。本来因为照片是随机选取的，无论猜是谁，都可能猜中也可能猜错，但是事先知道两个人的爱好，则猜哥哥的照片猜中的概率会大一些。这种先于某个事件的发生就已知道的概率称为先验概率。假如 e_1 为猜哥哥事件，e_2 为猜弟弟事件，则 $P(e_1)=0.9$，$P(e_2)=0.1$，它们是先验概率。

2. 条件概率密度

已知 $P(e_1)=0.9$，$P(e_2)=0.1$ 的条件下，从相册中抽取一张照片，记为样本 X，根据样本 X 的肤色深浅、脸部特征等信息，最终被认为是哥哥还是弟弟，它的概率是多少，怎么表示？我们用 $P(x|e_1)$ 和 $P(x|e_2)$ 表示，则 X 的概率密度函数曲线可以用图 3-2 表示。

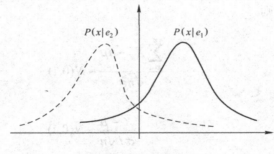

图 3-2　条件概率表示

条件概率密度函数在分类和决策中起着至关重要的作用，它刻画了在特定条件下观测样本的概率分布，在计算机仿真中，条件概率密度函数的形式及其主要参数是已知的，或者可以通过大量的抽样试验进行估计。

3. 后验概率

后验概率可以根据 Bayes 定理，用先验概率和概率密度函数计算出来。依然用上面的例子，假定被观测照片也叫样本 X，测出来的情况是皮肤较黑，脸部有痣，则该样本到底是哥哥还是弟弟，那么可以用 $P(e_1|x)$ 和 $P(e_2|x)$ 表示。

3.3.2　全概率公式和贝叶斯公式

1. 全概率公式

设试验 E 的样本空间为 S，A 为 E 的事件，$B_1,B_2,\cdots,B_n$ 为 S 的一个划分，且 $P(B_i)>0$ ($i=1,2,\cdots,n$)，则：

$$P(A)=P(A|B_1)P(B_1)+P(A|B_2)P(B_2)+\cdots+P(A|B_n)P(B_n) \tag{3-14}$$

3.3.1 节中，$P(e_1)=0.9$，$P(e_2)=0.1$ 表示某张照片为哥哥或弟弟的先验概率，用 $p(x|e_1)$ 和 $p(x|e_2)$

表示条件概率密度函数，则全概率公式为：

$$P(X)=P(X|e_1)P(e_1)+P(X|e_2)P(e_2) \tag{3-15}$$

2. Bayes 公式

设试验 E 的样本空间为 S，A 为 E 的事件，$B_1,B_2,\cdots B_n$ 为 S 的一个划分，且 $P(A)>0$，$P(B_i)>0(i=1,2,\cdots,n)$，则：

$$P(B_i|A) = \frac{P(A|B_i)P(B_i)}{\sum_{j=1}^{n} P(A|B_j)P(B_j)} \tag{3-16}$$

在 3.3.1 小节中，后验概率可以表示为：

$$P(e_1|X) = \frac{P(X|e_1)P(e_1)}{\sum_{j=1}^{n} P(X|e_j)P(e_j)} = \frac{P(X|e_1)P(e_1)}{P(X)} \tag{3-17}$$

$$P(e_2|X) = \frac{P(X|e_2)P(e_2)}{\sum_{j=1}^{n} P(X|e_j)P(e_j)} = \frac{P(X|e_2)P(e_2)}{P(X)} \tag{3-18}$$

3.4 数字特征

随机变量常用的数字特征主要有数学期望、方差、相关系数和矩。

1. 数学期望

设离散型随机变量 X 的分布律为：

$$P\{X = x_k\} = p_k, \quad k = 1, 2, \cdots$$

若基数：

$$\sum_{k=1}^{\infty} x_k p_k$$

绝对收敛，则称级数 $\sum_{k=1}^{\infty} x_k p_k$ 的和为随机变量 X 的**数学期望**，记为 $E(x)$，即

$$E(x) = \sum_{k=1}^{\infty} x_k p_k \tag{3-19}$$

设连续型随机变量 X 的概率密度为 $f(x)$，若积分

$$\int_{-\infty}^{\infty} x f(x) \mathrm{d}x \tag{3-20}$$

绝对收敛，则称积分 $\int_{-\infty}^{\infty} x f(x) \mathrm{d}x$ 的值为随机变量 X 的**数学期望**，记为 $E(x)$，即：

$$E(x) = \int_{-\infty}^{\infty} x f(x) \mathrm{d}x \tag{3-21}$$

数学期望简称**期望**，又称为**均值**。数学期望完全由随机变量 X 的概率分布决定。在 MATLAB

中可以用 mean()函数求样本的均值。

例：任意一个 3 行 5 列的矩阵 X，对第 2 行的所有元素求均值。

```
>> X=rand(3,5)
X =
    0.4042    0.3162    0.6809    0.7185    0.8068
    0.3141    0.2936    0.6337    0.5679    0.8159
    0.5909    0.3469    0.1318    0.9879    0.4224
>> mean(X(2,:))   %冒号在行/列中出现，表示所有行/列
ans =
    0.5250
```

2. 方差

设 X 是一个随机变量，若 $E\{[X-E(X)]^2\}$ 存在，则称 $E\{[X-E(X)]^2\}$ 为 X 的方差，记为 $D(X)$ 或 $\mathrm{Var}(X)$，即：

$$D(X) = \mathrm{Var}(X) = E\{[X-E(x)]^2\} \tag{3-22}$$

在应用上还引入与随机变量 X 具有相同量纲的量 $\sqrt{D(X)}$，记为 $\sigma(X)$，称为**标准差**或**均方差**。

方差反映的是 X 的取值与数学期望的偏离程度，若 X 的取值比较集中，则 $D(X)$ 较小，反之，若取值比较分散，则 $D(X)$ 较大。因此，$D(X)$ 是刻画 X 取值分散程度的一个量，它是衡量 X 取值分散程度的一个尺度。

对于离散型随机变量：

$$D(X) = \sum_{k=1}^{\infty}[x_k - E(X)]^2 p_k, \quad k=1,2,\cdots \tag{3-23}$$

对于连续型随机变量：

$$D(X) = \int_{-\infty}^{\infty}[x - E(X)]^2 f(x)\mathrm{d}x \tag{3-24}$$

其中，$f(x)$ 是 X 的概率密度。

随机变量的方差可按下列公式计算：

$$D(X) = E(X^2) - [E(x)]^2 \tag{3-25}$$

后续章节中粒子集的方差是一个很重要的参数，主要反映粒子的多样性。如果粒子集合取值集中，这不利于粒子滤波对系统的适应能力；如果方差过大，又影响滤波估计精度。

在 MATLAB 中求方差的函数有 var()和 std()两个。var()得到的是方差，std()得到的标准差。两者都有有偏和无偏之分。除以样本总个数 N 为无偏（unbiased），而除以 N-1 为有偏（bessel's correction），具体用法如下：

（1）R=var(X)=var(X,0)：按照公式 $R = \dfrac{1}{N-1}\sum_{k=1}^{\infty}[x_k - E(X)]^2$ 得到结果。

（2）R=var(X,1)：按照公式 $R = \dfrac{1}{N}\sum_{k=1}^{\infty}[x_k - E(X)]^2$ 得到结果。

(3) R=std(X)=std(X,0): 按照公式 $R = \sqrt{\frac{1}{N-1} \sum_{k=1}^{\infty} [x_k - E(X)]^2}$ 得到结果。

(4) R=std(X,1): 按照公式 $R = \sqrt{\frac{1}{N} \sum_{k=1}^{\infty} [x_k - E(X)]^2}$ 得到结果。

用法举例，对数组 X=[1 2 3 4 5]求方差和标准差，验证两者的关系。

```
>> X=[1 2 3 4 5]
X =
     1     2     3     4     5
>>var(X)
ans =
    2.5000
>>std(X)^2
ans =
    2.5000
>>var(X,1)
ans =
    2
>>std(X,1)^2
ans =
    2.0000
```

通过上面的试验，可知 std()的平方等于 var()。

3. 协方差

对于二维随机变量 $X(x_1, x_2)$，除了各维 X_1 和 X_2 的数学期望和方差以外，还需要讨论描述 X_1 和 X_2 之间相互关系的数学特征。

量 $E\{[X-E(X)][Y-E(Y)]\}$ 称为随机变量 X 与 Y 的**协方差**。记为 $\text{Cov}(X,Y)$，即：

$$\text{Cov}(X,Y) = E\{[X-E(X)][Y-E(Y)]\} \tag{3-26}$$

推广到 n 维随机变量 $X\{x_1, x_2, x_3, \cdots, x_n\}$，任意两维做协方差，如果：

$$c_{ij} = \{[x_i - E(x_i)][x_j - E(x_j)]\}, \quad i, j = 1, 2, 3, \cdots, n$$

都存在，则称矩阵：

$$C = \begin{bmatrix} c_{11} & c_{12} & \cdots & c_{1n} \\ c_{21} & c_{22} & \cdots & c_{2n} \\ \vdots & \vdots & \ddots & \vdots \\ c_{n1} & c_{n2} & \cdots & c_{nn} \end{bmatrix}$$

为 n 维随机变量的**协方差矩阵**。不难发现上述矩阵也是一个对称矩阵。

一般地，n 维随机变量的分布是不知道的，或者太复杂，以致在数学上不易处理，因此在实际应用中协方差矩阵就显得非常重要了。

在 MATLAB 中，求协方差的函数有 cov()、xcov()等。

4. 矩

设 X 和 Y 是随机变量，若

$$E(X^k), \quad k=1,2,\cdots$$

存在，则称它为 X 的 k 阶原点矩，简称 k 阶矩。

若

$$E\{[X-E(X)]^k\}, \quad k=1,2,\cdots$$

存在，则称它为 X 的 k 阶中心矩。

若

$$E(X^k Y^l), \quad k,l=1,2,\cdots$$

存在，则称它为 X 和 Y 的 $k+l$ 阶混合矩。

若

$$E\{[X-E(X)]^k [Y-E(Y)]^l\}, \quad k,l=1,2,\cdots$$

存在，则称它为 X 和 Y 的 $k+l$ 阶混合中心矩。

显然，X 的期望 $E(X)$ 为 X 的一阶原点矩，方差 $D(X)$ 为 X 的二阶中心矩，协方差 $\text{Cov}(X,Y)$ 是 X 和 Y 的二阶混合中心矩。

3.5 几个重要的概率密度函数

本书重点介绍粒子滤波处理噪声，很多噪声的分布可以用下面几种数学模型来表示。因此，先来巩固一下概率论中常用的几种分布函数。

3.5.1 均匀分布

设连续型随机变量 X 具有概率密度：

$$f(x)=\begin{cases}\dfrac{1}{b-a}, & a<x<b \\ 0, & \text{其他}\end{cases} \tag{3-27}$$

则称 X 在区间 (a,b) 上服从均匀分布，记为 $X \sim U(a,b)$。且有 $f(x) \geqslant 0$，$\int_{-\infty}^{+\infty} f(x)\mathrm{d}x=1$。易知，均匀分布的数字特征为：

$$E(x)=\frac{a+b}{2}$$

$$D(x)=\frac{(b-a)^2}{12}$$

在区间 (a,b) 上服从均匀分布的随机变量 X 具有下述意义的等可能性，即它落在区间 (a,b) 上任意等长度的子区间内的可能性是相同的。

可以求得 X 的分布函数为：

$$F(x) = \int_{-\infty}^{x} f(t)\mathrm{d}t = \begin{cases} 0 & x < a \\ \dfrac{x-a}{b-a} & a \leqslant x < b \\ 1 & x \geqslant b \end{cases} \quad (3\text{-}28)$$

$f(t)$ 及 $F(x)$ 的图形如图 3-3 和图 3-4 所示。

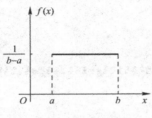
图 3-3　概率密度函数

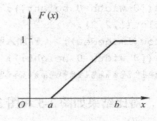
图 3-4　分布函数

在 MATLAB 工具箱中，均匀分布产生函数 unifrnd，其使用方法有以下几种形式。

（1）R=unifrnd(a,b)

产生一个在（a,b）区间上均匀分布的随机数。如果 a、b 可以是向量也可以是标量。若两个都是向量，则两者都是列向量或都是行向量，而且维数相等；从 a 到 b 产生一系列区间，若 a 和 b 均为向量，则区间个数等于它们的维数；若其中恰有一个是向量，假设 a 为向量，则区间个数等于 a 的维数；若两个均为标量，则 a≤b，区间个数为 1，且区间为[a,b]。然后在这一系列区间中随机产生连续均匀分布的数组 R 并返回。

（2）R=unifrnd(a,b,m,n)

产生 m×n 行矩阵，该矩阵中的元素分布情况与（1）中一样，这里就不再赘述了。

现在利用均匀分布来产生一组噪声。例如，在一幅图像上均匀分布 1000 个白色像素干扰点，用 MATLAB 编程实现如下：

```
%%%%%%%%%%%%%%%%%%%%%%%%%%%%%%%%%%%%%%%%%%%%%%%%%%%%%%
% 功能说明：在图像上散列均匀分布白噪声点
functiongenUnifNoise
%%%%%%%%%%%%%%%%%%%%%%%%%%%%%%%%%%%%%%%%%%%%%%%%%%%%%%
N=1000;                           % 噪声数据点数
x=zeros(1,N);                     % 噪声点位置初始化
y=zeros(1,N);                     % 噪声点位置初始化
image=imread('baby.jpg');         % 读取一张图片
imageNew=image;                   % 初始化新图像
imageSize=imresize(image,1);      % 获取图像的大小尺寸
[height width channel]=size(imageSize);   % 高度是行，宽度是列
for k=1:N;
    % 调用 unifrnd 产生均匀分布，ceil 函数用于舍去小数点
    x(k)=ceil(unifrnd(0,height));
    y(k)=ceil(unifrnd(0,width));
    for i=1:channel
        % 将噪声加入到新图像
```

```
            imageNew(x(k),y(k),i)=255;
    end
end
figure                  % 画图显示
subplot(1,2,1);
imshow(image);          % 原始图像
axis([0 width 0 height]);
subplot(1,2,2);
imshow(imageNew);       % 加入噪声的图像
axis([0 width 0 height]);
%%%%%%%%%%%%%%%%%%%%%%%%%%%%%%%%%%%%%%%%%%%%%%%%%%%%%%%%
```

运行程序，对比结果如图 3-5 和图 3-6 所示。

图 3-5　原始图像

图 3-6　白噪声图像

3.5.2 指数分布

设连续型随机变量 X 的概率密度为：

$$f(x) = \begin{cases} \dfrac{1}{\theta} e^{-x/\theta}, & x > 0 \\ 0, & \text{其他} \end{cases} \quad (3\text{-}29)$$

其中 $\theta > 0$ 为常数，则称 X 服从参数为 θ 的指数分布。图 3-7 是 θ 为不同值时得到的概率密度函数曲线图。

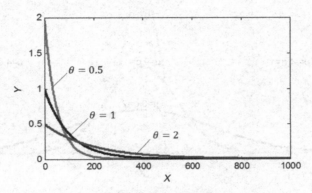

图 3-7　指数分布曲线

容易得到随机变量 X 的分布函数为：

$$F(x) = \begin{cases} 1 - e^{-\frac{x}{\theta}}, & x > 0 \\ 0, & \text{其他} \end{cases} \quad (3\text{-}30)$$

服从指数分布的随机变量 X 具有以下性质：

$$P\{X > s+t \mid X > s\} = P\{X > t\} \quad (3\text{-}31)$$

利用条件概率的全概率公式不难证明以上性质的成立，该性质称为指数函数的无记忆性。正是这一性质使指数函数具有广泛的应用性，在可靠性理论与排队论中尤其适用。

指数分布的数字特征如下：

$$E(X) = \theta$$
$$D(X) = \theta^2$$

在 MATLAB 中，指数函数即 exp(x)。

3.5.3 高斯分布

高斯分布也叫正态分布。设连续型随机变量 x 的概率密度为：

$$f(x) = \dfrac{1}{\sqrt{2\pi}\sigma} e^{-\dfrac{(x-\mu)^2}{2\sigma^2}}, \quad -\infty < x < +\infty \quad (3\text{-}32)$$

其中 μ 和 σ 为常数，记 $x \sim (\mu, \sigma)$。由概率密度函数很容易能得到分布函数：

$$F(x) = \frac{1}{\sqrt{2\pi}\sigma} \int_{-\infty}^{x} \mathrm{e}^{-\frac{(t-\mu)^2}{2\sigma^2}} \mathrm{d}t \qquad (3\text{-}33)$$

正态分布曲线呈钟形，左右对称，中间高、两边低。根据不同的 μ 和 σ，得到图 3-8 所示的概率密度曲线，可见 μ 为函数的对称轴，σ 越小，峰形越高越陡，反之则越矮越胖。

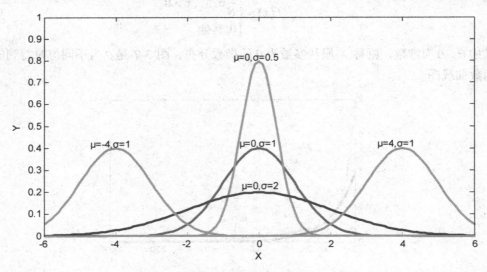

图 3-8　高斯分布曲线

高斯分布的数字特征为：

$$E(X) = \mu$$
$$D(X) = \sigma^2$$

高斯分布是概率论中最重要的分布，有极其广泛的实际应用背景。生产与科学试验中很多随机变量的概率分布都可以近似地用高斯分布来描述。在数字信号处理中，高斯白噪声是最常用的。

在 MATLAB 中 randn() 可产生均值为 0、方差为 1 的标准正态分布随机序列。在 randn() 基础上继续封装了两个函数，可以产生高斯白噪声的函数，分别是 wgn() 和 awgn()，典型用法如下。

（1）R=randn(n)：产生 n 个均值为 0、方差为 1 的高斯分布序列。

（2）R=randn(m,n)：产生 m 行 n 列均值为 0，方差为 1 的高斯分布矩阵序列。

（3）R=wgn(m,n,p)：产生一个 m 行 n 列的高斯白噪声的矩阵，p 以 dBW 为单位，指定输出噪声的强度。需要说明的是，从 MATLAB 源码看，wgn 是调用了 randn 函数的。本质上 wgn(m,n,1)=randn(m,n)。

（4）R=awgn(x,SNR)：在信号 x 中加入高斯白噪声，信噪比 SNR 以 dB 为单位，x 的强度假定为 0dBW。如果 x 是复数，就加入复噪声。在 MATLAB 源码中，awgn 又调用 wgn。

关于高斯白噪声的详细分析和介绍，详见 3.6 节的内容。

3.5.4 伽马分布

伽马分布是统计学的一种连续概率函数。伽马分布中有两个重要参数，α为形状参数，β为尺度参数，主要决定曲线有多陡。

假定样本X服从伽马分布，令：

$$X \sim \Gamma(\alpha, \beta) \tag{3-34}$$

X的概率密度函数可以表示为

$$f(x) = \frac{x^{\alpha-1} e^{-x/\beta}}{\beta^\alpha \Gamma(\alpha)} \quad x > 0 \tag{3-35}$$

其中，当α为整数时

$$\Gamma(\alpha) = (\alpha - 1)! \quad \alpha \in Z^+ \tag{3-36}$$

当α为任意复数时

$$\Gamma(\alpha) = \int_0^\infty e^{-t} t^{\alpha-1} dt \quad \text{Re}(\alpha) > 0 \tag{3-37}$$

有些参考书中会把尺度参数做个倒数变换，即令：

$$\lambda = \frac{1}{\beta}$$

则

$$X \sim \Gamma\left(\alpha, \frac{1}{\lambda}\right)$$

X的概率密度函数可以表示为

$$f(x) = \frac{x^{\alpha-1} \lambda^\alpha e^{-\lambda x}}{\Gamma(\alpha)} \quad x > 0 \tag{3-38}$$

需要注意的是，伽马函数有几个特例，即：

$$\Gamma(1) = \Gamma(2) = 1$$

$$\Gamma\left(\frac{1}{2}\right) = \sqrt{\pi}$$

$$\Gamma(z+1) = z\Gamma(z)$$

$$\frac{\Gamma(\alpha)}{\lambda^m} = \int_0^m x^{m-1} e^{-\lambda x} dx$$

可以求得伽马分布的数字特征：

$$E(X) = \frac{\alpha}{\lambda} = \alpha\beta$$

$$D(X) = \frac{\alpha}{\lambda^2} = \alpha\beta^2$$

伽马分布具有加成性，当两个随机变量服从伽马分布、互相独立且单位时间内频率相同时，有如下性质：

$$X \sim \Gamma(\alpha_1, \beta)$$
$$Y \sim \Gamma(\alpha_2, \beta)$$

则有：
$$X + Y \sim \Gamma(\alpha_1 + \alpha_2, \beta)$$

下面根据公式（3-35）来编写形状参数和尺度参数为不同值时的伽马分布的概率密度函数图（见图 3-9）。

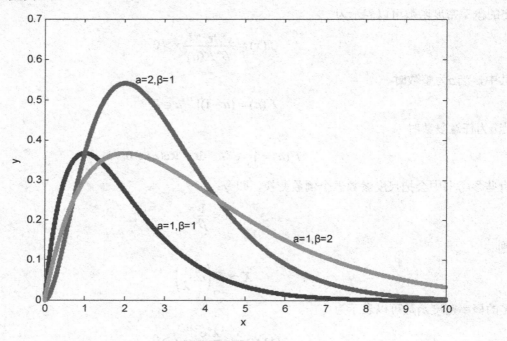

图 3-9　伽马分布曲线

```
%%%%%%%%%%%%%%%%%%%%%%%%%%%%%%%%%%%%%%%%%%%%%%%%%%%%%%%%
% 功能说明：a、β为不同值时，伽马分布的概率密度函数
functiongamacdf
%%%%%%%%%%%%%%%%%%%%%%%%%%%%%%%%%%%%%%%%%%%%%%%%%%%%%%%%
a1=1;a2=2;              % 形状参数为不同值
b1=1;b2=2;              % 尺度参数为不同值
T=10000;                % 数据长度
x=zeros(1,T);           % 初始化
ya1=zeros(1,T);
ya2=ya1;
yb2=ya1;
for k=2:1:T
    x(k)=x(k-1)+0.001;
    ya1(k)=x(k)^a1*exp(-x(k)/b1)/(b1^a1*1);  % a=1、β=1
    ya2(k)=x(k)^a2*exp(-x(k)/b1)/(b1^a2*1);  % a=2、β=1
    yb2(k)=x(k)^a1*exp(-x(k)/b2)/(b2^a1*1);  % a=1、β=2
```

```
end
figure                       % 画出三条不同的曲线图
holdon;box on;
plot(x,ya1,'-b.');
plot(x,ya2,'-r.');
plot(x,yb2,'-g.');
xlabel('x');
ylabel('y');
%%%%%%%%%%%%%%%%%%%%%%%%%%%%%%%%%%%%%%%%%%%%%%%%%%%%%%%
```

在数字信号处理中，有些噪声的分布就是伽马分布，我们可以调用 MATLAB 工具箱中已有的伽马函数随机数 gamrnd，其使用方法有以下几种。

（1）R=gamrnd(a,β)

产生服从伽马分布参数为 a,β 的随机数。a,β 可以是向量、矩阵或多维数组，但它们的维数必须相同

（2）R=gamrnd(a,β,v)

产生服从伽马分布参数为 a,β 的随机数，v 是一个行向量。若 v 是一个 1×2 的向量，R 就是有 $v(1)$ 行 $v(2)$ 列的矩阵，若 v 是 1×n 的矩阵，那么 R 就是一个 n 维数组。

（3）R=gamrnd(a,β,m,n)

产生服从伽马分布参数为 a,β 的随机数，m 和 n 是 R 的行和列维数的范围

在有些系统模型中，噪声是符合伽马分布的，下面举例说明如何产生一维伽马分布的噪声，并画图显示。

```
%%%%%%%%%%%%%%%%%%%%%%%%%%%%%%%%%%%%%%%%%%%%%%%%%%%%%%%
% 功能说明：产生符合伽马分布的噪声，并画图显示
functiongenGamaNoise
%%%%%%%%%%%%%%%%%%%%%%%%%%%%%%%%%%%%%%%%%%%%%%%%%%%%%%%
afa=3;                       % 形状参数
beita=2;                     % 尺度参数
N=50;                        % 数据长度
w1=zeros(1,N);               % 伽马分布的噪声初始化
w2=w1;                       % 伽马分布的噪声初始化
w1=gamrnd(afa,beita,1,N);    % 方法一：一次性产生所有的噪声
for k=1:N;
    w2(k)=gamrnd(afa,beita); % 方法二：一次产生一个数
end
figure                       % 画图显示
holdon;box on;
plot(w1,'-ko','MarkerFaceColor','r');   % 设置不同线型，数据点颜色
plot(w2,'-k^','MarkerFaceColor','g');   % 设置不同线型，数据点颜色
xlabel('time');ylabel('Noise');
%%%%%%%%%%%%%%%%%%%%%%%%%%%%%%%%%%%%%%%%%%%%%%%%%%%%%%%
```

运行程序，得到如图 3-10 所示的结果。

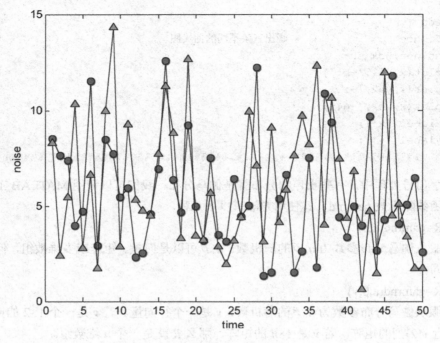

图 3-10　伽马分布的噪声图

关于其他分布，还有瑞利分布、Weibull 分布、K 分布等，读者可以自己查阅概率论相关的书籍，这里不再赘述。

3.6　白噪声和有色噪声

基于上面讲到的各种分布，现将噪声尤其是白噪声和有色噪声做进一步的解释。噪声是一个随机过程，而随机过程有其功率谱密度函数，功率谱密度函数的形状决定了噪声的"颜色"。

3.6.1　白噪声和有色噪声的定义

1. 白噪声（white noise）

所谓的高斯白噪声是指信号的幅度分布服从高斯分布，而它的功率谱密度又是均匀分布的（是一个常数）。系统辨识过程中所用到的数据通常都是含有噪声的，从工程实际出发，这种噪声往往可以视为具有有理谱密度的平稳随机过程。白噪声是一种最简单的随机过程，是由一系列不相关的随机变量组成的理想化随机过程。其自相关函数为迪拉克 δ 函数，英文名为 dirac delta function。

白噪声是一种功率谱密度为常数的随机信号或随机过程。换而言之，此信号在各个频段上的功率是一样的，由于白光是由各种频率（颜色）的单色光混合而成的，因而此信号的这种具有平坦功率谱的性质被称作是"白色的"，此信号也因此被称作白噪声。相对的，其他不具备这一性质的噪声信号被称为有色噪声（功率谱密度随频率变化）。

2. 有色噪声

理想的白噪声只是一种理论上的抽样,在物理上是很难实现的,现实中并不存在这样的噪声。因而,工程实际中测量的数据所包含的噪声往往是有色噪声。所谓的有色噪声(或相关噪声)是指序列中每一时刻都是相关的。有色噪声可以看成是由白噪声序列驱动的线性环节的输出。

3. 两者的区别

(1)由定义可以看出,白噪声在不同时刻是不相关的,自相关函数为脉冲函数;有色噪声则是相关的。

(2)实际测试中可以通过测试功率谱来区分,白噪声的功率谱在各频率的值都比较平均,有色噪声则会表现出较明显的峰值。

3.6.2 白噪声和有色噪声的比较

为了比较白噪声和有色噪声的区别,下面给出两个例子。

例1:现有一个高斯白噪声信号序列 $X(k)$,均值 0.5、方差为 1 的白噪声。我们可以利用白噪声来产生有色噪声,最简单的方法如产生一种有色噪声 $Y(k)$,数学关系式如下:

$$Y(k) = X(k) + 0.5 \times X(k-1)$$

可以看出,$Y(k)$ 的信号是由 $X(k)$ 前后两个相互关联的序列构成的,现在来分析它们的频谱。关于信号的频谱,需要将时域信号转换到频域,即需要用到傅里叶变换,读者可以参考数字信号处理方面的资料。

图 3-11 是白噪声和有色噪声的信号幅度,从信号的幅值中不能明显看出两者的差别。

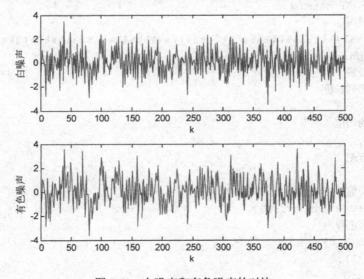

图 3-11 白噪声和有色噪声的对比

图 3-12 是白噪声和有色噪声的频谱对比，可以看出白噪声频谱是均匀分布的，而有色噪声在 $k=150$ 之后的频谱逐渐变弱。当然这个例子中，有色噪声的"颜色"不那么明显，我们将在例 2 中给出更明显的结果。

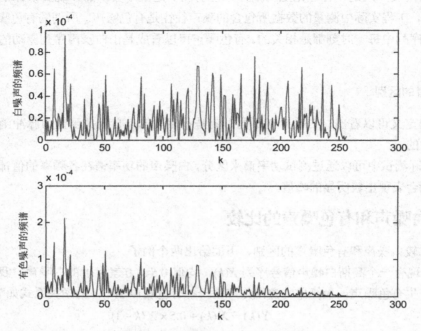

图 3-12　白噪声和有色噪声的频谱对比

程序代码的实现过程如下：

```
%%%%%%%%%%%%%%%%%%%%%%%%%%%%%%%%%%%%%%%%%%%%%%%%%%%%%%%%%
% 文件名称：main.m
% 功能说明：
%%%%%%%%%%%%%%%%%%%%%%%%%%%%%%%%%%%%%%%%%%%%%%%%%%%%%%%%%
function main
% 参数设置
% 时间序列长度
N=500;
% 噪声的均值
MEAN=0;
% 设置方差
VAR=1;
% 产生均值 0.5,方差为 1 的白噪声 X
X=MEAN+VAR*randn(1,N);
% 产生有色噪声
Y=zeros(1,N);
Y(1)=X(1);
for k=2:N
    Y(k)=X(k)+0.5*X(k-1);
```

```
end
% 计算白噪声的功率谱
[Fx fx]=myFFT(X',512);
Zx=1/N*Fx.*conj(Fx)
% 计算有色噪声的功率谱
[Fy fy]=myFFT(Y',512);
Zy=1/N*Fy.*conj(Fy)
%%%%%%%%%%%%%%%%%%%%%%%%%%%%%%%%%%%%%%%%%%%%%%%%%%%%%%%%%%%%%%%%%
% 图1  显示两种信号的对比图
figure
subplot(2,1,1)
plot(X,'-b');
xlabel('k');
ylabel('白噪声')
subplot(2,1,2)
plot(Y,'-b','MarkerFace','g');
xlabel('k');
ylabel('有色噪声')
%------------------------------------------------------------------
% 测试功率谱
figure
subplot(2,1,1);
plot(fx,Zx);
xlabel('k');
ylabel('白噪声的频谱')


subplot(2,1,2);
plot(fy,Zy);
xlabel('k');
ylabel('有色噪声的频谱')
%%%%%%%%%%%%%%%%%%%%%%%%%%%%%%%%%%%%%%%%%%%%%%%%%%%%%%%%%%%%%%%%%
function [Fs,f] = myFFT(Xt,sf)
% 函数说明：实现快速 Fourier 变换
% 输入参数：Xt 为时域信号序列，sf 为 sample frequent 简称，即采样频率
% 输出参数：Fs 为经过 FFT 变换后的频域序列，f 为其响应频率
%------------------------------------------------------------------
L = length(Xt);              % 得到信号的数据长度
% 2^(NFFT)>=L，已知 L，求最符合要求的 NFFT 的数值，要求 NFFT 为整数
% 举个例子：如果 L 等于 100，则 NFFT=7，因为 2 的 7 次方等于 128，而 128 是所有大于
% 100 的 2 的整数次幂数字中最小的一个。
NFFT = 2^nextpow2(L);
% 做 FFT 变换
Fs = fft(Xt,NFFT)/L;
% 取模
Fs = 2*abs(Fs(1:NFFT/2+1));
% linspace() 是用来生成等间距数组的方法
```

```
            f = sf/2 * linspace(0,1,NFFT/2+1);
%%%%%%%%%%%%%%%%%%%%%%%%%%%%%%%%%%%%%%%%%%%%%%%%%%%%%%%%%%
```

例2：设 $X(k)$ 是均值为 0、方差为 1 的高斯白噪声序列，$Y(k)$ 为有色噪声序列，其中 $Y(k)$ 的表达式如下,现需要分析白噪声和有色噪声的频谱。

$$Y(k) = G(z^{-1})X(k) = \frac{C(z^{-1})}{D(z^{-1})} X(k)$$

$$= \frac{1 + 0.5z^{-1} + 0.2z^{-2}}{1 - 1.5z^{-1} + 0.7z^{-2} + 0.1z^{-3}} X(k)$$

以上公式常见于各种数字信号处理时控制理论的传递函数中，实际上在编写程序过程中是这样处理的，将上式中两边同时乘以分母，则得到

$$(1 - 1.5z^{-1} + 0.7z^{-2} + 0.1z^{-3})Y(k) = (1 + 0.5z^{-1} + 0.2z^{-2})X(k)$$

利用数字信号处理的知识，可以得到：

$$Y(k) - 1.5Y(k-1) + 0.7Y(k-2) + 0.1Y(k-3)$$
$$= X(k) + 0.5X(k-1) + 0.2X(k-2)$$

于是，就可以递推了，得到：

$$Y(k) = -(-1.5Y(k-1) + 0.7Y(k-2) + 0.1Y(k-3)) + X(k) + 0.5X(k-1) + 0.2X(k-2)$$

这样就可以编写仿真程序，得到以下仿真结果。从图 3-13 可以看出，该有色噪声的幅值比白噪声更为"稀疏"，原因是有色噪声各前后序列的关联性比较大，"颜色"明显。从图 3-14 可以看出，白噪声频谱是均匀的，但是有色噪声的频谱集中在 $k=50$ 附近。

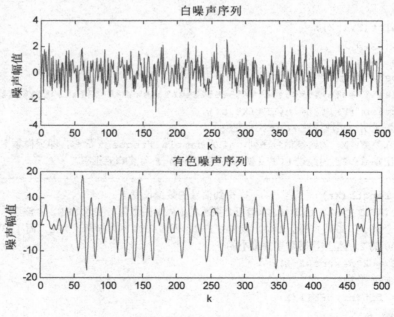

图 3-13 噪声幅值对比

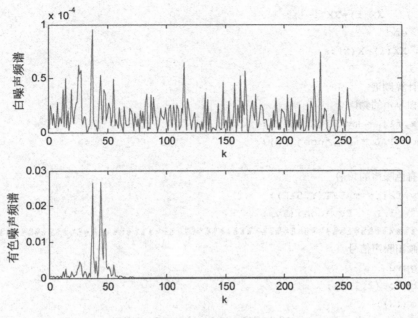

图 3-14 频谱对比

程序代码编写如下:

```
%%%%%%%%%%%%%%%%%%%%%%%%%%%%%%%%%%%%%%%%%%%%%%%%
% 文件名称: main.m
% 功能说明:
%%%%%%%%%%%%%%%%%%%%%%%%%%%%%%%%%%%%%%%%%%%%%%%%
function main
% 参数设置
L=500;                  %仿真长度
c=[1 0.5 0.2];          % 分子分母多项式系数
d=[1 -1.5 0.7 0.1];
Nc=length(c)-1;         % 分子和分母的阶次
Nd=length(d)-1 ;
XX=zeros(Nc,1);         % 白噪声初值, XX 和 YY 都是为分子分母递推服务的
YY=zeros(Nd,1);
X=randn(L,1);           % 产生均值为 0, 方差为 1 的高斯白噪声序列
Y=zeros(1,L);
for k=1:L
    Y(k)=-d(2:Nd+1)*YY+c*[X(k);XX];   % 产生有色噪声
    % 数据更新（因为递推, 需要更新数据）
    for i=Nd:-1:2
        YY(i)=YY(i-1);
    end
    YY(1)=Y(k);
    for i=Nc:-1:2
```

```matlab
            XX(i)=XX(i-1);
        end
        XX(1)=X(k);
end
% 计算频谱
% 白噪声的频谱
[Fx,f1] = myFFT(X',512);
Px = 1/L * Fx.*conj(Fx);

% 有色噪声的频谱
[Fy,f2] = myFFT(Y,512);
Py = 1/L * Fy.*conj(Fy);
%%%%%%%%%%%%%%%%%%%%%%%%%%%%%%%%%%%%%%%%%%%%%%%%%%%%%%%%%%%%%%%%%%%%%%
% 画出噪声信号
figure
subplot(2,1,1);
plot(X);
xlabel('k');ylabel('噪声幅值');title('白噪声序列');
subplot(2,1,2);
plot(Y);
xlabel('k');ylabel('噪声幅值');title('有色噪声序列');

%功率谱
figure
subplot(211)
plot(f1,Px)
xlabel('k');ylabel('白噪声频谱');
subplot(212)
plot(f2,Py)
xlabel('k');ylabel('有色噪声频谱');
%%%%%%%%%%%%%%%%%%%%%%%%%%%%%%%%%%%%%%%%%%%%%%%%%%%%%%%%%%%%%%%%%%%%%%
function [Fs,f] = myFFT(Xt,sf)
% 函数说明：实现快速Fourier变换
% 输入参数：Xt为时域信号序列，sf为sample frequent简称，即采样频率
% 输出参数：Fs为经过FFT变换后的频域序列，f为其响应频率
%----------------------------------------------------------------------
L = length(Xt);             % 得到信号的数据长度
% 2^(NFFT)>=L，已知L，求最符合要求的NFFT的数值，要求NFFT为整数
% 举个例子：如果L等于100，则NFFT=7，因为2的7次方等于128，而128是所有大于
% 100的2的整数次幂数字中最小的一个。
NFFT = 2^nextpow2(L);
% 做FFT变换
Fs = fft(Xt,NFFT)/L;
```

```
% 取模
Fs = 2*abs(Fs(1:NFFT/2+1));
% linspace（）是用来生成等间距数组的方法
f = sf/2 * linspace(0,1,NFFT/2+1);
%%%%%%%%%%%%%%%%%%%%%%%%%%%%%%%%%%%%%%%%%%%%%%
```

3.7 小结

本章给出了本书需要用到的概率论的基本知识，并结合 MATLAB 相关函数，实现概率统计中的常用方法，如如何产生各种分布的噪声、如何求得数字特征（期望、均值、方差）等，这为后面的数据分析打下了坚实的编程基础，希望读者能通读此章节。

第 4 章　蒙特卡洛原理

蒙特卡洛方法是一种应用随机数来进行计算机模拟的方法,此方法对所研究的系统进行随机观察抽样,通过对样本值的统计分析,求得所研究系统的某些参数。本章是学习粒子滤波的基础,有了蒙特卡洛模拟的概念,再学习第 5 章的内容会更加容易。

4.1　蒙特卡洛概述

4.1.1　历史及发展

蒙特卡洛方法（Monte Carlo Method）也称统计模拟方法,是 20 世纪 40 年代中期由于科学技术的发展和电子计算机的发明而被提出的一种以概率统计理论为指导的一类非常重要的数值计算方法。它是以概率统计理论为基础,依据大数定律,利用电子计算机数字模拟技术,解决一些很难直接用数学运算求解或用其他方法不能解决的复杂问题的一种近似计算法。

蒙特卡洛方法于 20 世纪 40 年代由美国在第二次世界大战中研制原子弹的"曼哈顿计划"计划的成员乌拉姆和冯·诺伊曼首先提出。数学家冯·诺伊曼用驰名世界的赌城——摩纳哥的 Monte Carlo 来命名这种方法,为它蒙上了一层神秘色彩。在这之前,蒙特卡洛方法就已经存在。1777 年,法国数学家、自然科学家蒲丰（Georges-Louis Leclerc de Buffon,1707—1788）提出用投针实验的方法求圆周率 π,这被认为是蒙特卡洛方法的起源。

蒙特卡洛方法的基本原理是,事件的概率可以用大量试验中发生的频率来估计,当样本容量足够大时,可以认为该事件的发生频率即为其概率。因此,可以先对影响其可靠度的随机变量进行大量的随机抽样,然后把这些抽样值一组一组地代入功能函数式,确定结构是否失效,最后从中求得结构的失效概率。蒙特卡洛法正是基于此思路进行分析的。

蒙特卡洛方法在金融工程学、宏观经济学、计算物理学（如粒子输运计算、量子热力学计算、空气动力学计算）等领域应用广泛。

4.1.2　算法引例

为了对蒙特卡洛原理先有个感性认识,我们来看一个有意思的问题。假定在一个 1 平方米的正方形木板上随意画出一个不规则的圈,求这个圈的面积,如图 4-1 中阴影部分面积。

第 4 章 蒙特卡洛原理

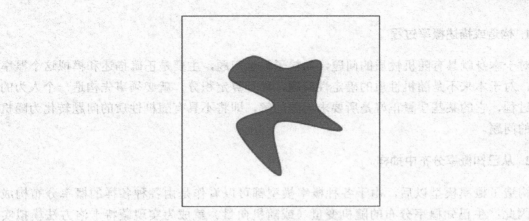

图 4-1 求解阴影部分的面积

我们知道，如果圆圈是标准的，可以通过测量半径，然后利用圆的面积公式求解得到，图 4-1 中虽然是封闭的一个圈，但是边缘是不规则甚至凹凸不平的，显然这个图形不太可能有面积公式可以套用。很多人自然能够想到用微积分的原理来求解，可是这个随意画的图形，边缘的解析函数根本无从获得，因此微积分方法也失效。

当然有一定图像处理知识的人员，很自然地想到用图像处理的知识来解决这个问题。即可以将上面的图片导入图像处理算法中，计算图片的长和宽的像素点，得到了总面积。然后做个二值化图像处理，把黑色阴影部分的像素统计出来，算出黑色像素点占总像素（总面积：单位是像素）的比例，最终乘以该图片实际映射的面积（单位是平方米），就可以计算出阴影部分的实际面积了。

没错，上面方法确实可行，那么在计算机模拟上，我们引入一种与图像处理的原理类似，但是实现过程完全不一样的方法。这时候我们可以尝试用这样一种方法：假设我们手里有一支飞镖，我们将飞镖随机掷向木板，又假定每次飞镖都能掷在木板上，且不偏出方形木板，但是每次在木板的具体位置是随机的。换句话说，每一次掷飞镖，飞镖扎进木板的任何一点的概率相等（均匀分布）。这样，假定我们掷了 100 次，经过统计，在这 100 次当中有 32 次飞镖扎进阴影部分。那么就可以用 32/100=0.32 来估计阴影部分面积了，即阴影部分的面积为 0.32 平方米。

以上这个过程就是蒙特卡洛算法直观应用算例，这里涉及概率论中的事件、随机试验、频率、随机分布等概念，需要读者掌握本书第 3 章的内容。

4.2 蒙特卡洛方法

4.2.1 主要步骤

4.1.2 节中的例子很清晰地展现了蒙特卡洛的原理，现在来总结一下，利用它来解决参数估计的主要步骤，可以归结为以下三步。

1. 构造或描述概率过程

对于本身就具有随机性质的问题，如粒子输运问题，主要是正确描述和模拟这个概率过程，对于本来不是随机性质的确定性问题，如计算定积分，就必须事先构造一个人为的概率过程，它的某些参量正好是所要求问题的解，即将不具有随机性质的问题转化为随机性质的问题。

2. 从已知概率分布中抽样

构造了概率模型以后，由于各种概率模型都可以看作是由各种各样的概率分布构成的，因此产生已知概率分布的随机变量（或随机向量）就成为实现蒙特卡洛方法模拟实验的基本手段，这也是蒙特卡洛方法被称为随机抽样的原因。最简单的概率分布是(0,1)上的均匀分布。随机数就是具有这种均匀分布的随机变量。随机数序列就是具有这种分布的总体的一个简单子样，也就是一个具有这种分布的相互独立的随机变数序列。产生随机数的过程，就是从这个分布上抽样的过程。在计算机上，可以用物理方法产生随机数，但价格昂贵，不能重复，使用不便。另一种方法是用数学递推公式产生。这样产生的序列与真正的随机数序列不同，所以称为伪随机数或伪随机数序列。不过，多种统计检验表明，它与真正的随机数或随机数序列具有相近的性质，因此可把它作为真正的随机数来使用。由已知分布随机抽样有各种方法，与从(0,1)上均匀分布抽样不同，这些方法都是借助随机序列来实现的，也就是说，都是以产生随机数为前提的。由此可见，随机数是实现蒙特卡洛模拟的基本工具。

3. 建立各种估计量

一般说来，构造了概率模型并能从中抽样后，即实现模拟实验后，我们就要确定一个随机变量，作为所要求的问题的解，我们称它为无偏估计。建立各种估计量，相当于对模拟实验的结果进行考察和登记，从中得到问题的解。

通常蒙特卡洛方法通过构造符合一定规则的随机数来解决数学上的各种问题。对于那些计算过于复杂而难以得到解或根本没有解的问题，蒙特卡洛方法是一种有效的求解方法。

4.2.2 随机数的产生

随机抽样试验最初是掷硬币和掷骰子，并在实践中比较某一面出现的观察频率和理论频率。到 20 世纪初，方法逐渐得到革新和发展，抽样试验成为统计工作者的重要工具。近 30 年来，随着计算机的发明和使用，实现抽样试验的方法也有了重大的变化。由于抽样需要多次重复，因此特别适合在计算机上执行。

对于随机数的产生，随着时间的推移，曾有过许多不同的方法，最早的是在 1925 年，Tippett 为了做大量抽样试验，搜集了一套随机数，借以发现某些理论分布。由于从中认识到了这些数在其他研究中也很有价值，因此于 1927 年编制了随机抽样数字表，简称随机数表，含有四万多个随机数。随后 Kendall 和 Smith 发展了各自的随机数表，RAND 公司发展的随机数表最大，也只不过是 20 万个五位数随机数表。这对于求解比较复杂的问题，尤其是需要几十万甚至百万以上的随机数，就远远不敷应用了。因此，要得到足够长的随机数序列，就不得不重新考虑其他方法了。

利用某些物理现象产生的随机数是完全随机的，如 1947 年 RAND 公司曾以随机脉冲源为信息源，用电子旋转轮产生随机数表，但用物理方法产生随机数有代价昂贵、随机过程一去不复返的缺点，因而也逐渐被颇具生命力的数学方法所淘汰。

利用数学方法产生伪随机数，指的是用迭代过程产生一系列数，当然这样做的结果，就不是随机的了。但在迭代过程开始前，每一项都是不能预测的，对于这些所产生的成千上万个数据，只要它们能通过一系列的局部随机性检验，如均匀性、独立性检验，那么就可以把它当作随机数来使用。Lehmer 首先把这样产生的数命名为"伪随机数"。

在 MATLAB 中产生随机数的 rand()函数就产生 0～1 之间的伪随机数。randi()生成均匀分布的伪随机整数。产生其他分布的随机数方法，可以参考第 3 章中 3.5 节的内容。随机数是蒙特卡洛的基石，随机试验是蒙特卡洛实现的核心。

4.2.3 Monte Carlo 方法的收敛性

通过前面的介绍，我们知道 Monte Carlo 方法通常是用随机数构造均值的方法，其两大理论依据分别是大数定律和中心极限定律，见 3.2 节。Monte Carlo 方法通常是用某个随机变量 X 的简单子样 $x_1, x_2, \cdots, x_N$ 的算术平均值：

$$\overline{x_N} = \frac{1}{N} \sum_{n=1}^{N} x_n \tag{4-1}$$

作为所求解 I 的近似值。由大数定理可知，当 $E(X)=I$ 时，算术平均值 $\overline{x_N}$ 依概率 1 收敛到 I，即：

$$P(\lim_{N \to \infty} \overline{x_N} = I) = 1 \tag{4-2}$$

按照中心极限定理，对于任何 $\lambda_a > 0$：

$$P\left(|\overline{x_N} - I| < \frac{\lambda_a \sigma}{\sqrt{N}} \right) \approx \frac{2}{\sqrt{2\pi}} \int_0^{\lambda_\alpha} e^{-\frac{1}{2}t^2} dt = 1 - \alpha \tag{4-3}$$

这表明不等式：

$$|\overline{x_N} - I| < \frac{\lambda_a \sigma}{\sqrt{N}} \tag{4-4}$$

近似地以概率 $1-\alpha$ 成立，通常当 α 很小时，如 $\alpha = 0.05$ 或 $\alpha = 0.01$ 时，α 称为显著水平，$1-\alpha$ 称为置信水平，σ 为随机变量 X 的标准差。式（4-4）表明，$\overline{x_N}$ 收敛于 I 的速度的阶为 $O(N^{-\frac{1}{2}})$。

如果 $\sigma \neq 0$，那么 Monte Carlo 方法的误差 ε 为：

$$\varepsilon = \frac{\lambda_\alpha \sigma}{\sqrt{N}} \qquad (4\text{-}5)$$

上式中的正态差 λ_α 与显著水平 α 是一一对应的，其对应关系可用 $N(0,1)$ 积分表及公式：

$$\frac{1}{\sqrt{2\pi}} \int_{-\infty}^{\lambda\alpha} e^{-\frac{1}{2}t^2} dt = 1 - \frac{\alpha}{2} \qquad (4\text{-}6)$$

算出，表 4-1 给出了几个常用的 α 与 λ_α 的数值：

表 4-1　α 与 λ_α 的数值

α	λ_α	α	λ_α
0.000063	4	0.50	0.6745
0.0027	3	0.05	1.9600
0.0455	2	0.02	2.3263
0.3173	1	0.01	2.5758

在表 4-1 中，当 $\alpha=0.5$ 时，误差 $\varepsilon=0.6745\sigma/\sqrt{N}$，称为概然误差。此时误差超过 ε 的概率 α 与小于 ε 的概率 $1-\alpha$ 相等，都等于 0.5。

分析公式（4-5），可以清楚地知道 Monte Carlo 方法的误差 ε 是由 σ 和 N 决定的，在固定 σ 情况下，要想提高精确度一位数字，就要增加 100 倍的工作量。从另一个角度来说，在固定误差 ε 和采样产生一个 x 的平均费用 C 不变的情况下，如果 σ 缩小为原来的 1/10，则可减少工作量为原来的 1/100。若费用 C 不是固定的，也就是说，随着方法的改变而改变时，由于 $N=(\lambda_\alpha \sigma/\varepsilon)^2$，$NC=(\lambda_\alpha/\varepsilon)^2\sigma^2 C$，因此，Monte Carlo 方法的效率是与 $\sigma^2 C$ 成正比的，总而言之，作为提高 Monte Carlo 方法效率的重要方向，既不是增加抽样数 N，也不是简单地减小标准差 σ，而应该是在减小标准差的同时兼顾费用，使方差 σ^2 与费用 C 的乘积尽量小。

通过上面的介绍可以看出，无论从方法的步骤方面讲，还是从结果精度和收敛性方面讲，Monte Carlo 方法都是一种有独特风格的数值计算方法。Monte Carlo 方法的优点及它与一般数值方法的不同点，可归纳为以下三个方面。

（1）Monte Carlo 方法及其程序结构简单。

Monte Carlo 计算机模拟及其在积分运算中的应用，列举了大量的例子，充分说明了这一特点。

（2）收敛的概率性和收敛速度与问题维数无关。

通过大量的论证可知，Monte Carlo 方法的收敛是概率意义下的收敛，换句话说，对于 Monte Carlo 方法来讲，虽然不能断言其误差不超过某个值，但能指出其误差以接近 1 的概率不超过某个界限。从这一点看，Monte Carlo 方法与一般方法有很大的区别，因为后者的收敛意义是一般意义下的收敛或一致收敛。

Monte Carlo 方法的收敛速度与一般数值方法相比是很慢的，其主阶仅为 $O(N^{-\frac{1}{2}})$，因此，用 Monte Carlo 方法不能解决精确度要求很高的问题。

由公式（4-5）可知，Monte Carlo 方法的误差 ε 只与标准差 σ 和样本容量 N 有关，而与样本中元素所在空间无关，即 Monte Carlo 方法的收敛速度与问题维数无关，而其他数值方法则不然。这就决定了 Monte Carlo 方法对多维问题的适用性。

另外，Monte Carlo 方法的误差可用随机变量的标准差或方差来衡量，因此可以在解题过程的同时加以计算。

（3）Monte Carlo 方法的适应性强。

Monte Carlo 方法广泛的适应性是不可忽视的，而且是重要的，其最显著的优势是在解题时受问题条件限制的影响较小。例如，在计算 n 维空间任意一区域的积分，无论该区域形状如何，只要能给出几何描述的条件，总可以用 Monte Carlo 方法解决其在该区域上的多重积分问题。

4.2.4　Monte Carlo 的应用特征

Monte Carlo 方法广泛地应用在各个领域，可以解决各种类型的问题，但总的来说，视其是否涉及随机过程的性态和结果，用 Monte Carlo 方法处理的问题可以分为两类。

（1）确定性的数学问题。用 Monte Carlo 方法求解这类问题的方法是，首先建立一个与所求解有关的概率模型，使所求的解就是所建立模型的概率分布或数学期望；然后对这个模型进行随机抽样观察，即产生随机变量；最后用其算术平均值作为所求解的近似估计值。计算多重积分、求逆矩阵、线性代数方程组、解积分方程、解某些偏微分方程边值问题和计算微分算子的特征值等都属于这一类。

（2）随机性问题。例如中子在介质中的扩散等问题就属于随机性问题，这是因为中子在介质内部不仅受到某些确定性的影响，更多地是受到随机性的影响，对于这类问题，虽然有时可表示为多重积分或某些函数方程，进而可以考虑用随机抽样方法求解，然而一般情况下都不采用这种间接模拟方法，而是采用直接模拟方法，即根据实际物理情况的概率法则，用电子计算机进行抽样试验。原子核物理问题、运筹学中的库存问题、随机服务系统中的排队问题、动物的生态竞争和传染病的蔓延等都属于这一类。

在应用 Monte Carlo 方法解决实际问题的过程中，大体上有如下几个内容。

（1）对求解的问题建立简单而又便于实现的概率统计模型，使所求的解恰好是所建立模型的概率分布或数学期望。

（2）根据概率统计模型的特点和计算实践的需要，尽量改进模型，以便减小方差和降低费用，提高计算效率。

（3）建立对随机变量的抽样方法，其中包括建立产生伪随机数的方法和建立对所遇到的分布产生随机变量的随机抽样方法。

（4）给出获得所求解的统计估计值及其方差或标准误差的方法。

4.3　模拟

蒙特卡洛方法的重要手段就是模拟。模拟就是利用物理或数学模型来类比，模仿现实系统及其演变过程，以寻求过程规律的一种方法。模拟的基本思想是建立一个试验模型，这个模型包含所研究系统的主要特点，通过对这个实验模型的运行，获得所要研究系统的必要信息。按照实现方法，模拟可以分为物理模拟和数学模拟两种。

4.3.1 物理模拟

对实际系统及其过程用功能相似的实物系统模仿。例如，军事演习、船艇实验、导弹发射实验、沙盘作业等。物理模拟通常花费较大、周期较长，且在物理模型上改变系统结构和系统都较困难，而且许多系统无法进行物理模拟，如社会经济系统、生态系统等。

以下这个物理模拟大家可以试试：考虑抛掷一枚均匀的硬币，我们将其抛掷 5 次、50 次、500 次，各做 10 遍，得到硬币正面朝上 H 的统计数据。在表 4-2 中，n_H 表示 H 发生的频数，$f_n(H)$ 表示 H 发生的频率。可见，试验次数越大，则出现 H 的频率越接近 H 的概率。

表 4-2 抛掷硬币模拟

实验序号	n=5		n=50		n=500	
	n_H	$f_n(H)$	n_H	$f_n(H)$	n_H	$f_n(H)$
1	2	0.4	22	0.44	251	0.502
2	3	0.6	25	0.5	249	0.498
3	1	0.2	21	0.42	256	0.512
4	5	1	25	0.5	253	0.506
5	1	0.2	24	0.48	251	0.502
6	2	0.4	21	0.42	246	0.492
7	4	0.8	18	0.36	244	0.488
8	2	0.4	24	0.48	258	0.516
9	3	0.6	27	0.54	262	0.524
10	3	0.6	31	0.62	247	0.494

这种模拟试验有人做过，表 4-3 就是试验结果。蒲丰做过投针计算圆周率试验，同样他也做过投掷硬币试验。从实验结果来看，随着 n 的增大，频率 $f_n(H)$ 呈现出稳定性，即当 n 逐渐增大时，$f_n(H)$ 接近 0.5，并逐渐稳定在该数值。

表 4-3 历史人物做的投掷硬币实验

实验者	n	n_H	$f_n(H)$
德·摩根	2048	1061	0.5181
蒲丰	4040	2048	0.5069
K.皮尔逊	12000	6019	0.5016
K.皮尔逊	24000	12012	0.5005

4.3.2 计算机模拟

在一定假设条件下,运用数学运算模拟系统的运行称为数学模拟。现代的数学模拟都是在计算机上进行的,称为计算机模拟。计算机模拟可以反复进行,改变系统的结构和系统都比较容易。在实际问题中,面对一些带随机因素的复杂系统,用分析方法建模常常需要做许多简化和假设,这与实际问题可能相差甚远,以致其最终得到的结果无法在实际中应用。这时,计算机模拟几乎成为唯一选择。

现在利用计算机来做几个模拟试验。

例 1:硬币投掷模拟。

投掷一枚硬币,正面朝上的次数 X 服从参数为 $(1,p)$ 的二项分布,$X \sim B(1,p)$,其中 p 为概率。在 MATLAB 中构建数学模型,利用 binornd(1,p,m,n)函数产生 m 行 n 列的符合二项分布的数据(包含 0 和 1 的数据矩阵)。

具体的程序实现过程见程序中的注释。

```
%%%%%%%%%%%%%%%%%%%%%%%%%%%%%%%%%%%%%%%%%%%%%%%%%%%%%
% 文件名称:main431.m
% 功能说明:硬币投掷试验,计算机模拟
%%%%%%%%%%%%%%%%%%%%%%%%%%%%%%%%%%%%%%%%%%%%%%%%%%%%%
function main431
% 正面朝上的概率
p=0.5;
% 试验次数
N=1000;
% sum 用于统计正面朝上的次数
sum=0
% 现在开始模拟投掷过程
for k=1:N
    % 第 k 次试验,binornd()函数产生一个随机数
    sum=sum+binornd(1,p);
    % 计算第 k 次实验时,它的频率做如下统计
    P(k)=sum/k;
end
% 画图显示各次实验的结果
figure
holdon;box on;
plot(1:N,P);
%%%%%%%%%%%%%%%%%%%%%%%%%%%%%%%%%%%%%%%%%%%%%%%%%%%%%
```

程序运行结果如图 4-2 所示,从图 4-2 中可以看出,在 200 次试验之前,统计的频率动荡得很厉害,但是在实验 400 次以后,频率逐渐趋于稳定并接近 p 值。

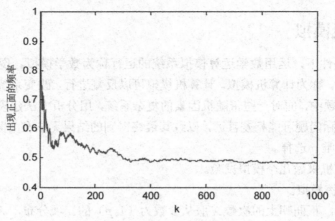

图 4-2 投掷硬币实验结果

例 2：模拟投掷两枚不均匀硬币。

投掷两枚不均匀硬币，每枚出现正面的概率为 $p=0.4$，记录前 1000 次掷币试验中两枚都为正面的波动情况。因为 binornd(1,p) 产生的数据不是 0 就是 1，我们规定出现 1 为正面，出现 0 为反面，显然两次正面时，它们乘积为 1，其他情况一律为 0，利用这个特点，我们可以编写程序如下。

```matlab
%%%%%%%%%%%%%%%%%%%%%%%%%%%%%%%%%%%%%%%%%%%%%%%%%
% 文件名称：main432.m
% 功能说明：硬币投掷试验，计算机模拟
%%%%%%%%%%%%%%%%%%%%%%%%%%%%%%%%%%%%%%%%%%%%%%%%%
function main432
% 正面朝上的概率
p=0.4;
% 试验次数
N=1000;
% sum 用于统计正面朝上的次数
sum=0
% 现在开始模拟投掷过程
for k=1:N
    % 第 k 次试验，两枚硬币分别调用 binornd() 函数产生一个随机数
    cion1=binornd(1,p);
    cion2=binornd(1,p);
    % 只有乘积为 1（两个都为正面），才能为 sum 带来数据的递增
    sum=sum+cion1*cion2;
    % 计算第 k 次试验时，它的频率
P(k)=sum/k;
end
% 画图显示各次试验的结果
figure
hold on;box on;
plot(1:N,P);
xlabel('k');
```

```
ylabel('出现正面的频率');
%%%%%%%%%%%%%%%%%%%%%%%%%%%%%%%%%%%%%%%%%%%%%%%%%%%%%%%
```

运行上面的程序，得到以下结果。可以看出，在程序运行 300 次以后，概率逐渐趋于稳定，其值大概在 0.16 附近。

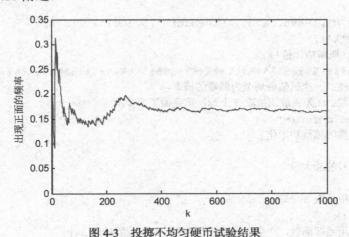

图 4-3 投掷不均匀硬币试验结果

例 3：古典概率模拟。

在一袋子中有 10 个相同的球，分别标有号码 1,2,…,10。每次任取一个球，记录其号码后放回袋中，再任取下一个。这种取法叫作"有放回抽取"。现有放回抽取 3 个球，求这 3 个球的号码均为偶数的概率。

解：抽取到偶数号码为事件 A，则有

$$P(A) = \frac{C_5^1 C_5^1 C_5^1}{C_{10}^1 C_{10}^1 C_{10}^1} = \frac{1}{8}$$

现在我们来编写程序，让程序模拟有放回抽取 N=10 000 次，统计该次试验中抽得全为偶数的频数，并计算频率。以上抽取过程重复 50 次，程序代码如下。

```
%%%%%%%%%%%%%%%%%%%%%%%%%%%%%%%%%%%%%%%%%%%%%%%%%%%%%%%
% 文件名：main433.m
% 功能说明：从 1-10 个编号的球中有放回抽取 3 个，求抽到都为偶数的概率
%%%%%%%%%%%%%%%%%%%%%%%%%%%%%%%%%%%%%%%%%%%%%%%%%%%%%%%
function main433
% 重复做 N 次
N=50;
% 每次试验 m 次
m=10000;
% 每次的概率
P=zeros(1,N);
% 开始模拟 N 次
for k=1:N
    P(k)=fun(m);
end
```

```
% 计算均值
Pave=mean(P)
% 画图
figure
holdon;box on;
plot(P);
line([0,N],[Pave,Pave],'LineWidth',5,'Color','r');
xlabel('k');
ylabel('概率估计值');
%%%%%%%%%%%%%%%%%%%%%%%%%%%%%%%%%%%%%%%%%%%%%%%%%%%%%%%
% 函数功能：一次试验得到全为偶数的概率
% 输入参数：M 为有放回抽取 3 个球，重复做了多少次
function p=fun(M)
% 全为偶数的频数初始化
frq=0;
% 球的编号的最大值为
MAX=10;
% 开始模拟抽取 3 个球
for k=1:M
    % 调用随即函数，产生 1-10 之间的数，共有放回抽取 3 个
    ball1=unidrnd(MAX);
    ball2=unidrnd(MAX);
    ball3=unidrnd(MAX);
    % 现在来统计是否均为偶数
    if( (mod(ball1,2)==0) && (mod(ball2,2)==0) && (mod(ball3,2)==0) )
        % 三个数的乘积能被 2 整除，则三个数必然全为偶数
        frq=frq+1;
    end
end
% 频率=概率
p=frq/M;
%%%%%%%%%%%%%%%%%%%%%%%%%%%%%%%%%%%%%%%%%%%%%%%%%%%%%%%
```

运行程序，得到仿真结果如图 4-4 所示，50 次实验的平均值为 $P(A)$=0.126。

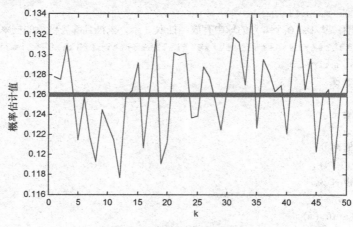

图 4-4　有放回抽取球试验

例 4：矿井脱险模拟。

矿工在矿井中迷失了方向，身处 3 个矿道交汇处，不知选择哪个矿道脱险。事实是一号矿道能脱险，二号和三号矿道只能回到原处。问题是，如果随机选择一个矿道，安全走出需要花费多少时间？

试验内容：如果选择一号矿道，假设走 3 小时可脱险，选择二号、三号矿道分别走 5 小时、7 小时回到原处。如果矿工在任何时间都随机选择其中一个矿道行走，用模拟实验的方法计算他安全走出矿井平均花费的时间。

首先从概率论角度来解答这道题，假设矿工走出矿井的平均时间为 $E(t)$，由于选择任意一条矿道的概率为 $P=1/3$，则有：

$$E(t) = \frac{1}{3} \times 3 + \frac{1}{3} \times (5 + E(t)) + \frac{1}{3} \times (7 + E(t))$$

解得：

$$E(t) = 15$$

现在用计算机模拟，借助随机数产生 1、2、3 三个随机矿道，根据矿工选择的不同，统计其时间，直到矿工选择一号矿道，本次试验结束。下面用计算机来模拟 1000 次试验，程序代码如下。

```matlab
%%%%%%%%%%%%%%%%%%%%%%%%%%%%%%%%%%%%%%%%%%%%%%%%%%%%%%%%%%%
% 文件名称：main434.m
% 功能说明：模拟走出矿井实验
%%%%%%%%%%%%%%%%%%%%%%%%%%%%%%%%%%%%%%%%%%%%%%%%%%%%%%%%%%%
function main434
% 实验次数
N=1000;
% 选对的标志
SUCCESS=0;
% 各次试验分别花费的时间
Time=zeros(1,N);
for k=1:N
    % 开始模拟选择通道
    t=0;
    while(1)
        % 模拟矿工随机选择矿道
        number=getChannel();
        % 根据选择的矿道不同，计算时间开销
        if(number==1)            % 选择第一条通道
            t=t+3;
            break;               % 选对矿道，跳出死循环
        else if(number==2)       % 选择第二条通道
```

```
                t=t+5;
            else                    % 选择第三条通道
                t=t+7;
            end
        end
    end
    % 记下本次试验总时间
    Time(k)=t;
end
% 计算平均时间
TimerAve=mean(Time)
% 最长需要多少时间走出矿井
Tmax=max(Time)
% 最短需要多长时间走出矿井
Tmin=min(Time)
% 画图显示，每次试验的时间
figure
holdon;box on;
plot(Time);
% 调用 line（X，Y）函数来画一条直线，该直线代表平均时间
% X=(x1,x2),Y=(y1,y2)
line([0,N],[TimerAve,TimerAve],'LineWidth',5,'Color','r');
xlabel('k');
ylabel('时间开销')
%%%%%%%%%%%%%%%%%%%%%%%%%%%%%%%%%%%%%%%%%%%%%%%%%%%%%%%%%%%%
% 功能说明：随机得到1，2，3三个随机数
function d=getChannel()
% 因为 rand()产生都是 0-1 之间的小数，乘以 3 则在 0-3 之间
d=3*rand();
% 经过 fix()函数之后，它的值则变为 0-2 之间的整数
d=fix(d);
% 加1，成为 1-3 之间的整数
d=d+1;
%%%%%%%%%%%%%%%%%%%%%%%%%%%%%%%%%%%%%%%%%%%%%%%%%%%%%%%%%%%%
```

运行程序，在命令窗口中得到以下数据，可以看出平均时间为 15.218，这个值接近我们理论计算出来的结果。在 1000 次实验中，走出矿井最长一次需要的时间为 104 小时，最短为 3 小时。

```
    TimerAve =15.2180, Tmax =104, Tmin =3.
```

图 4-5 为 1000 次试验中各次试验的走出时间图，其中水平粗线代表 1000 次试验的平均走出时间。

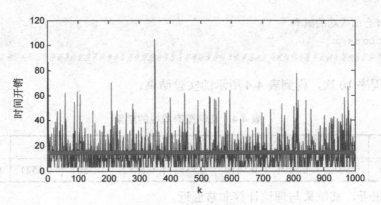

图 4-5 矿井逃脱模拟

例 5：几何概率模拟实验。

定义：向任一可度量区域 G 内投一点，如果所投的点落在 G 中任意可度量区域 g 内的可能性与 g 的度量成正比，而与 g 的位置和形状无关，则称这个随机试验为几何型随机试验，或简称为几何概型。

根据该定义，我们可以计算概率为：$P(A)=[A\ 的度量]/[S\ 的度量]$。

现在通过一个例子来模拟。两人约定于 12:00～13:00 到某地会面，先到者等 20 分钟后离去，试求两人能会面的概率。

解：设 x 和 y 分别为甲、乙到达时间。

令 $A=\{两人能会面\}=\{(x,y)\ |\ |x-y|\leqslant 20,\ x\leqslant 60,\ y\leqslant 60\}$，则

$$P(A)=[A\ 的面积]/[S\ 的面积]$$
$$=(60^2-40^2)/60^2=5/9=0.5556$$

```
%%%%%%%%%%%%%%%%%%%%%%%%%%%%%%%%%%%%%%%%%%%%%%%%%%%%%%%%%%
%   说明：模拟两人会面的概率
%%%%%%%%%%%%%%%%%%%%%%%%%%%%%%%%%%%%%%%%%%%%%%%%%%%%%%%%%%
function main435
% 随机模拟两人会面的次数
m=10000;
% 两人成果会面的次数初始化为0
success=0;
% 开始模拟每一次的会面
for i=1:m
    % 用计算机产生（0，60）之间均匀分布的随机数,为第一个人到达时间
    time1=unifrnd(0,60);
    % 用计算机产生（0，60）之间均匀分布的随机数,为第二个人到达时间
    time2=unifrnd(0,60);
    % 判断两个人时间差是否能会面上
    if abs(time1-time2)<=20
        success=success+1; % 成功会面
    end
end
```

```
% 计算会面成功的概率
P=success/m
%%%%%%%%%%%%%%%%%%%%%%%%%%%%%%%%%%%%%%%%%%%%%%%%%%
```

连续运行程序 10 次，得到表 4-4 所示的实验结果。

表 4-4 几何概率模拟的结果

N	1	2	3	4	5	6	7	8	9	10
P	0.5526	0.5622	0.5591	0.5619	0.5553	0.5582	0.5501	0.5521	0.5548	0.5596

从实验结果看，其结果与理论计算非常逼近。

例 6：复杂概率模拟实验。

在我方某前沿防守地域，敌人以一个炮排（含两门火炮）为单位对我方进行干扰和破坏。为躲避我方打击，敌方对其阵地进行了伪装并经常变换射击地点。经过长期观察发现，我方指挥所对敌方目标的指示有 50% 是准确的，而我方火力单位，在指示正确时，有 1/3 的概率能毁伤敌人一门火炮，有 1/6 的概率能全部消灭敌人。

现在希望能用某种方式把我方将要对敌人实施的 1 次打击结果显现出来，利用频率稳定性，确定有效射击（毁伤一门炮或全部消灭）的概率。通过理论的方法解答如下。

分析：这是一个复杂概率问题，可以通过理论计算得到相应的概率。为了直观地显示我方射击的过程，现采用模拟的方式。需要模拟出以下两件事。

（1）根据观察所对目标的指示正确与否，模拟试验有两种结果，每一种结果出现的概率都是 1/2。因此，可用投掷一枚硬币的方式予以确定，当硬币出现正面时为指示正确，反之为不正确。

（2）当指示正确时，我方火力单位的射击模拟试验有三种结果，即毁伤一门火炮的可能性为 1/3（即 2/6），毁伤两门火炮的可能性为 1/6，没能毁伤敌火炮的可能性为 1/2（即 3/6）。这时可用投掷骰子的方法来确定：

① 如果出现的是 1,2,3 三个点：则认为没能击中敌人；
② 如果出现的是 4,5 点：则认为毁伤敌人一门火炮；
③ 若出现的是 6 点：则认为毁伤敌人两门火炮。

现进行计算机模拟，符号约定如下：

i：要模拟的打击次数；
k1：没击中敌人火炮的射击总数；
k2：击中敌人一门火炮的射击总数；
k3：击中敌人两门火炮的射击总数；
E：有效射击（毁伤一门炮或两门炮）的概率。

编写如下仿真程序：

```
%%%%%%%%%%%%%%%%%%%%%%%%%%%%%%%%%%%%%%%%%%%%%%%%%%
% 说明：几何概率模拟实验
%%%%%%%%%%%%%%%%%%%%%%%%%%%%%%%%%%%%%%%%%%%%%%%%%%
```

```
function main436
P=0.5;
N=2000;    % 试验次数
fun(P,N);
%%%%%%%%%%%%%%%%%%%%%%%%%%%%%%%%%%%%%%%%%%%%%%%%%%
function fun(p,mm)
E=zeros(1,mm);
% 产生伯努利分布的随机数，1 行 mm 列
randnum1 = binornd(1,p,1,mm);
randnum2 = unidrnd(6,1,mm);
% 初始化可能出现的结果，都为 0
k1=0;
k2=0;
k3=0;
for i=1:mm
    if randnum1(i)==0
       k1=k1+1;             % 没击中敌人火炮的射击总数
    else
       if randnum2(i)<=3
           k1=k1+1;          % 没击中敌人火炮的射击总数
       elseif  randnum2(i)==6
           k3=k3+1;          % 击中敌人两门火炮的射击总数
       else
           k2=k2+1;          % 击中敌人一门火炮的射击总数
       end
    end
   E(i)=(k2+k3)/i;
end
% 画图显示
num=1:mm;
plot(num,E)
%%%%%%%%%%%%%%%%%%%%%%%%%%%%%%%%%%%%%%%%%%%%%%%%%%
```

运行上述程序，得到的仿真结果如图 4-6 所示，可以看出概率收敛在 0.25 左右。

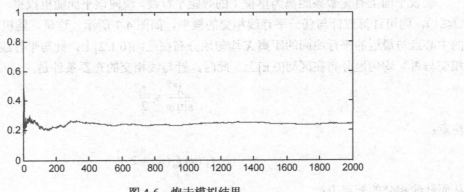

图 4-6 炮击模拟结果

现在通过理论计算，来进一步确认模拟试验是否成功。

设：$j = \begin{cases} 0, \text{观察所对目标指示不正确} \\ 1, \text{观测所对目标指示正确} \end{cases}$

A_0 为射中敌方火炮的事件；A_1 为射中敌方一门火炮的事件，则由全概率公式算得：

$$P(A_0) = P(j=0)P(A_0|j=0) + P(j=1)P(A_0|j=1)$$
$$= \frac{1}{2} \times 0 + \frac{1}{2} \times \frac{1}{2} = 0.25$$

$$P(A_1) = P(j=0)P(A_1|j=0) + P(j=1)P(A_1|j=1)$$
$$= \frac{1}{2} \times 0 + \frac{1}{2} \times \frac{1}{3} = \frac{1}{6}$$

$$P(A_2) = P(j=0)P(A_2|j=0) + P(j=1)P(A_2|j=1)$$
$$= \frac{1}{2} \times 0 + \frac{1}{2} \times \frac{1}{6} = \frac{1}{12}$$

$$E = \frac{1}{6} + \frac{1}{12} = 0.25$$

很显然，模拟结果与理论计算近似一致，能更加真实地表达实际战斗动态过程。

4.4 蒙特卡洛的应用

蒙特卡洛方法是现代计算机技术最为杰出的成果之一，它在工程领域的作用是不可比拟的。蒙特卡洛最为典型的应用是计算定积分。

4.4.1 蒲丰针实验

1777 年的一天，法国科学家蒲丰先生邀请了很多宾客来看他做一个奇特的实验，他在一张纸上画满了一条条距离相等的平行线，接着他抓出了一大把原先准备好的小针，然后一根一根往纸上扔，他要求在场的宾客统计与平行线相交的针的数目。最终蒲丰投出了 2212 根针，宾客统计出有 704 根与平行线相交。而这两个数字的比值正好近似为圆周率 π 的值。宾客一片哗然，议论纷纷。下面我们从数学上来解释这个现象。

假设平面上有无数条距离为单位 1 的等距平行线，现向该平面随机投掷一根长度为 l 的针（$l \leq 1$），则可计算该针与任一平行线相交的概率，如图 4-7 所示。这里，随机投针指的是：针的中心点与最近的平行线间的距离 X 均匀地分布在区间 $[0,1/2]$ 上，针与平行线的夹角 φ（不管相交与否）均匀地分布在区间 $[0,\pi]$ 上。此时，针与线相交的充要条件是：

$$\frac{X}{\sin\varphi} \leq \frac{l}{2} \tag{4-7}$$

注意：

$$f_X(x)f_\varphi(w) = 2 \cdot \frac{1}{\pi} \tag{4-8}$$

从而针线相交的概率为：

$$p \triangleq P\left(X \leqslant \frac{l}{2}\sin\varphi\right) = \int_0^\pi \int_0^{\frac{l}{2}\sin\varphi} \frac{2}{\pi} \mathrm{d}x\mathrm{d}w = \frac{2l}{\pi} \tag{4-9}$$

根据式（4-9），若我们做大量的投针试验并记录针与线相交的次数，则由大数定理可以估计出针线相交的概率 p，从而得到 π 的估计值。

根据上面的推导，在程序中只要模拟针与平行线相交的概率，通过概率值就可以计算 π 的值了。编写 MATLAB 仿真程序如下，运行结果可以在命令窗口中查看，如图 4-7 所示。

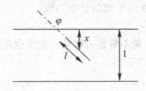

图 4-7　针与线的位置关系

```
%%%%%%%%%%%%%%%%%%%%%%%%%%%%%%%%%%%%%%%%%%%%%%%%%%%%%%%%%%%%
% 文件名称：main441.m
% 功能说明：用蒙特卡洛方法计算圆周率 π
%%%%%%%%%%%%%%%%%%%%%%%%%%%%%%%%%%%%%%%%%%%%%%%%%%%%%%%%%%%%
function main441
% 做 500 次试验
N=500;
% 每次投 1000 枚针
needles=1000;
% 针的长度
length=0.6;
% 将 N 次试验的 π 保存在该数组里面
PAI=zeros(1,N);
% 开始试验 N 次
for k=1:N
    % 调用子函数
    PAI(k)=buffon(length,needles);
end
% 求 π 的均值
PAI_ave=mean(PAI)
% 画图显示
figure
hold on;
box on;
plot(PAI);
% 画出平均值
line([0,N],[PAI_ave,PAI_ave],'LineWidth',5,'Color','r');
xlabel('k');
ylabel('π的估计值');
```

```
%%%%%%%%%%%%%%%%%%%%%%%%%%%%%%%%%%%%%%%%%%%%%%%%%%%%%
% 函数功能:一次试验,得到的π的估计值
function pai=buffon(length,N)
frq=0; % 与平行线相交的针的频数
% 现在开始模拟投针的过程
for k=1:N
    % 随机投一枚针,得到针的中心点与最近的平行线间的距离
    % 该距离是一个在(0,0.5)均匀分布的数
    d=unifrnd(0,0.5);
    % 同样,针与平行线的夹角不管是否相交,角度也是随机的
    % 该角度在(0,π)均匀分布
    cita=unifrnd(0,pi);
    % if 条件判断部分,请参考书中的公式
    if ( d <= (length*sin(cita)/2) )
        frq=frq+1; % 相交则加 1
    end
end
% 计算针与平行线相交的频率,该频率即作为概率
p=frq/N;
% 最终估计的π的值
pai=2*length/p;
%%%%%%%%%%%%%%%%%%%%%%%%%%%%%%%%%%%%%%%%%%%%%%%%%%%%%
```

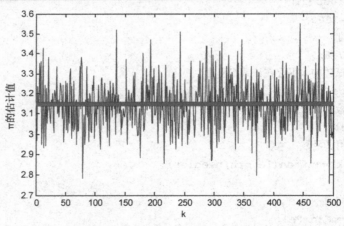

图 4-8 蒲丰针模拟结果

4.4.2 定积分的计算

Monte Carlo 方法计算定积分,尤其是计算多重积分有着非常重要的意义。定积分的近似计算是实际工作中最常碰到的数学问题之一。在原子能科学技术、武器装备论证等问题中会出现许多复杂的单重积分与多重定积分。通常,人们都选用矩形公式、辛普森(Simpson)公式等来完成积分的近似计算。在许多情况下,使用这些近似计算公式虽然能够得到相当满意的结

果，但计算量随着积分重数的增加而显著增加，甚至用计算机都无法完成。

定积分的计算是 Monte Carlo 方法引入计算数学的开端。在实际中，许多需要计算多重积分的复杂问题，用 Monte Carlo 方法一般都能够很有效地予以解决。尽管 Monte Carlo 方法给出的计算结果的精确度不是很高，但它能很快地提供一个低精度的模拟结果，这也是很有价值的。在多重积分计算中，由于 Monte Carlo 方法的误差与积分重数无关，所以它比常用的均匀网格求积分公式要优越。使用 Monte Carlo 方法的重点在于多重积分，但是为了把问题说清楚，我们依然从最简单的单重积分开始讲解。

利用 Monte Carlo 方法计算定积分有随机投点法和平均值法两种，下面分别介绍它们的原理。

1. 随机投点法

假设要计算的定积分为：

$$I = \int_a^b g(x)\mathrm{d}x \tag{4-10}$$

式中，a,b 为有限值，被积函数 $g(x)$ 是连续随机变量 ξ 的概率密度函数，因此 $g(x)$ 满足如下条件：

（1）$g(x)$ 非负；

（2）$\int_{-\infty}^{\infty} g(x)\mathrm{d}x = 1$。 (4-11)

显然，I 是一个概率积分，其积分值等于概率 $P_r(a \leqslant \xi \leqslant b)$，即：

$$I = P_r(a \leqslant \xi \leqslant b)$$

下面按给定分布 $g(x)$ 随机投点的方法，给出 Monte Carlo 方法求积分的实验步骤：

（1）产生服从给定分布 $g(x)$ 的随机变量值 x_i；

（2）检查 x_i 是否落入积分区域，如果条件 $a \leqslant x_i \leqslant b$ 满足，则记录 x_i 落入积分区域一次。

假设在 N 次实验以后，x_i 落入积分区域的总次数为 m，那么用：

$$\hat{I} = \frac{m}{N}$$

作为式（4-10）中概率积分的近似值，即：

$$I \simeq \frac{m}{N}$$

假设所要计算的积分有如下形式：

$$I = \int_a^b g'(x)\mathrm{d}x \tag{4-12}$$

式中，a,b 为有限值，被积函数 $g'(x)$ 不满足条件式（4-11），即式（4-12）不是概率积分。如果还想按上面的实验步骤计算它，那么需要解决如下两个问题：

（1）对式（4-12）中的积分做变换，以构造出满足条件式（4-10）的积分函数 $g''(x)$；

（2）产生服从分布 $g''(x)$ 的随机变量。

基于上面的原理，将定积分计算问题转为更一般的描述。设 a,b 有限，$0 < f(x) < M$, $M \in R^+$，

试计算定积分：

$$\theta = \int_a^b f(x)\mathrm{d}x$$

图形表示如图 4-8 所示。

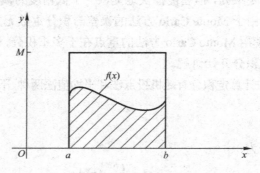

图 4-8　定积分计算实例

显然，矩形的面积 $S = M(b-a)$，而被积函数与积分上下限围成的面积即为积分计算结果 θ，设 $\Omega = \{(x,y): a \leqslant x \leqslant b,\ 0 \leqslant y \leqslant M\}$，并设 (x,y) 是在 Ω 上均匀分布的二维随机变量，其联合密度函数为：

$$\frac{1}{M(b-a)} I_{(a \leqslant x \leqslant b, 0 \leqslant y \leqslant M)} \tag{4-13}$$

则易见 $\theta = \int_a^b f(x)\mathrm{d}x$ 是 Ω 中 $y = f(x)$ 曲线下方的面积。假设我们向 Ω 中进行随机投点，则点落在 $y = f(x)$ 下方的概率 p 为：

$$\begin{aligned} p = P\{Y \leqslant f(X)\} &= \iint_{y \leqslant f(x)} \frac{1}{M(b-a)} I_{(a \leqslant x \leqslant b, 0 \leqslant y \leqslant M)} \mathrm{d}x \mathrm{d}y \\ &= \int_a^b \left[\int_0^{f(x)} \frac{1}{M(b-a)} \mathrm{d}y \right] \mathrm{d}x = \int_a^b \frac{1}{M(b-a)} f(x) \mathrm{d}x = \frac{\theta}{M(b-a)} \end{aligned} \tag{4-14}$$

若进行了 n 次投点，其中 n_0 次点落入 $y = f(x)$ 曲线下方，则用频率 n_0/n 来估计概率 p，即：

$$\frac{n_0}{n} \approx p = \frac{\theta}{M(b-a)} \tag{4-15}$$

那么可以得到 θ 的一个估计：

$$\hat{\theta}_1 \approx \frac{n_0}{n} M(b-a) \tag{4-16}$$

现在根据上面的原理，用 Monte Carlo 原理来计算定积分的步骤可以总结如下：
（1）独立地产生 $2n$ 个均匀分布 $U(0,1)$ 随机数，分别为 $u_i, v_i, i = 1, 2, \cdots, n$；
（2）计算 $x_i = a + u_i(b-a)$，$y_i = Mv_i$，计算 $f(x_i)$；
（3）统计 $f(x_i) \geqslant y_i$ 的个数 n_0；
（4）用公式（4-16）来估计 θ。

接下来，我们通过例题来实践 Monte Carlo 在定积分中的应用。

例 7：计算定积分：

$$\theta = \int_0^4 (\cos x + 2.0)\,dx$$

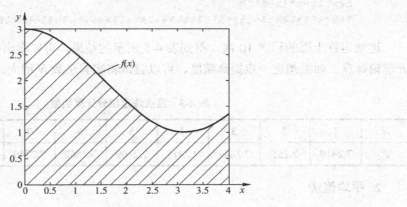

图 4-9　投点法积分计算

事实上，其精确解为：

$$\theta = 8.0 + \sin 4.0 = 7.2432$$

现用随机投点法求解，如图 4-9 所示，编写 MATLAB 仿真程序如下，这里需要注意增加样本数目，可提高计算精度，但计算时间也会增加。

```
%%%%%%%%%%%%%%%%%%%%%%%%%%%%%%%%%%%%%%%%%%%%%%%%%%%%%%%%%%
%   说明：计算定积分
%%%%%%%%%%%%%%%%%%%%%%%%%%%%%%%%%%%%%%%%%%%%%%%%%%%%%%%%%%
function main442
% 积分的上下限
a=0;
b=4;
% M值为f(x)的限值
M=4;
% 本次试验投点总数
N=100000;
% 现在开始模拟投点的过程
% 初始化在被积函数下方的点的数目
freq=0;
for i=1:N
    % 产生随机数ui和vi,本质上是投点（x,y）的位置
    u=unifrnd(a,b);
    v=unifrnd(0,M);
    % 判断本次投点的位置是否在被积函数的下方
    if (cos(u)+2.0) >= v
        freq=freq+1;
    end
end
```

```
% 最后来计算概率
p=freq/N;
% 进而计算最终结果
result=p*(b-a)*M
%%%%%%%%%%%%%%%%%%%%%%%%%%%%%%%%%%%%%%%%%%%%%%%%%%%%%%
```

连续运行上面的程序 10 次，得到表 4-5 所示的结果，可以看出每次的试验结果都比较接近理论计算。如果想进一步提高精度，可以尝试将实验总数 N 增大。

表 4-5 投点法定积分计算结果

N	1	2	3	4	5	6	7	8	9	10
P	7.2419	7.255	7.2445	7.2411	7.2109	7.2662	7.2349	7.2306	7.2133	7.2118

2. 平均值法

任取一组相互独立、同分布的随机变量 $\{\xi_i\}$，ξ_i 在 $[a,b]$ 中服从分布律 $f(x)$，令 $g^*(x) = \dfrac{g(x)}{f(x)}$，则 $\{g^*(\xi_i)\}$ 也是一组互独立、同分布的随机变量，而且：

$$E\{g^*(\xi_i)\} = \int_a^b g^*(x)f(x)\mathrm{d}x = \int_a^b g(x)\mathrm{d}x = 1 \tag{4-17}$$

由强大数定理：

$$P\left(\lim_{N\to\infty}\frac{1}{N}\sum_{i=1}^N g^*(\xi_i) = I\right) = 1 \tag{4-18}$$

若选：

$$\overline{I} = \frac{1}{N}\sum_{i=1}^N g^*(\xi_i) \tag{4-19}$$

则 $\overline{I}$ 依概率 1 收敛于 I，平均值法就是用 $\overline{I}$ 作为 I 的近似值。

假设要计算的积分有如下形式：

$$I = \int_a^b g(x)\mathrm{d}x \tag{4-20}$$

其中被积函数 $g(x)$ 在 $[a,b]$ 内可积，任意选择一个可以进行抽样的概率密度函数 $f(x)$，使其满足下列条件：

（1）$f(x) \neq 0$，当 $g(x) \neq 0$ 时 $(a \leqslant x \leqslant b)$；

（2）$\int_a^b f(x)\mathrm{d}x = 1$。

如果记：$g^*(x) = \begin{cases} \dfrac{g(x)}{f(x)}, & f(x) \neq 0 \\ 0, & f(x) = 0 \end{cases}$

那么式（4-20）可以写为：

$$I = \int_a^b g^*(x)f(x)\mathrm{d}x \tag{4-21}$$

因而求积分的试验步骤可以设置如下：
（a）产生服从分布律 $f(x)$ 的随机变量 x_i；
（b）计算均值 $\bar{I} = \frac{(b-a)}{N}\sum_{i=1}^{N}g(x_i)$，并用它作为 I 的近似值。

例 8：利用 Monte Carlo 方法计算一个简单的积分：

$$\theta = \int_0^1 e^x dx = (e-1)$$

构造形如公式（4-21）的积分：

$$\theta = \int_0^1 \frac{e^x}{1}g(x)dx$$

$g(x)=1, 0<x<1$，为 $U(0,1)$ 对应的概率密度。由此产生 n 个 $U(0,1)$ 随机数 $x_1,\cdots,x_n$，则：

$$\hat{\theta} = \frac{1}{n}\sum_{i=1}^{n}e^{x_i}$$

编写程序仿真如下：

```
%%%%%%%%%%%%%%%%%%%%%%%%%%%%%%%%%%%%%%%%%%%%%%%%%%%%%%%%%%%%%
%   说明：计算定积分
%%%%%%%%%%%%%%%%%%%%%%%%%%%%%%%%%%%%%%%%%%%%%%%%%%%%%%%%%%%%%
function main443
%积分上下限
a=0;
b=1;
% 试验点数
N=100000;
% 运行10次，查看结果
Experiment=zeros(1,10);
for k=1:10
    Experiment(k)=fun(a,b,N);
end
%%%%%%%%%%%%%%%%%%%%%%%%%%%%%%%%%%%%%%%%%%%%%%%%%%%%%%%%%%%%%
function result=fun(a,b,mm)
%a 是积分的下限    %b 是积分的上限
%积分函数    %mm 是随机试验次数
sum=0;
xrandnum = unifrnd(a,b,1,mm);
for ii=1:mm
    sum=sum+exp (xrandnum(1,ii));
end
result=sum/mm
%%%%%%%%%%%%%%%%%%%%%%%%%%%%%%%%%%%%%%%%%%%%%%%%%%%%%%%%%%%%%
```

运行结果如表 4-6 所示。

表 4-6 平均值法定积分计算结果

N	1	2	3	4	5	6	7	8	9	10
P	1.718	1.716	1.719	1.720	1.721	1.719	1.719	1.718	1.719	1.718

3. 重要抽样法

由重要抽样法思想，要选择一个与 e^x 相似的密度函数。我们知道，e^x 的 Taylor 展开为：

$$e^x = 1 + x + \frac{x^2}{2!} + \cdots + \frac{x^k}{k!} + \cdots \quad (4\text{-}22)$$

利用线性近似，取（0，1）上密度函数：

$$g(x) = \frac{2}{3}(1+x)$$

$$\theta = \int_a^b \frac{f(x)}{g(x)} g(x) \mathrm{d}x = E\left[\frac{f(X)}{g(X)}\right]$$

设 $x_1, \cdots, x_n$ 是来自 $g(x)$ 的随机数，则 θ 的估计为：

$$\hat{\theta} = \frac{1}{n} \sum_{i=1}^{n} \frac{f(x_i)}{g(x_i)} = \frac{3}{2n} \sum_{i=1}^{n} \frac{e^{x_i}}{1+x_i} \quad (4\text{-}23)$$

$g(x)$ 的随机数对应的分布函数为：

$$F_g(x) = \begin{cases} 0, & x < 0 \\ \frac{1}{3}(2x + x^2), & 0 \leqslant x < 1 \\ 1, & x \geqslant 1 \end{cases} \quad (4\text{-}24)$$

计算机模拟步骤如下：

（1）产生 n 个 $U(0,1)$ 随机数 $u_1, \cdots, u_n$；

（2）$x_i = -1 + \sqrt{1+3u_i}$，

（3）$\hat{\theta} = \frac{1}{n} \sum_{i=1}^{n} \frac{f(x_i)}{g(x_i)} = \frac{3}{2n} \sum_{i=1}^{n} \frac{e^{x_i}}{1+x_i}$。

```
%%%%%%%%%%%%%%%%%%%%%%%%%%%%%%%%%%%%%%%%%%%%%%%%%%%%%%%%
%  说明：计算定积分
%%%%%%%%%%%%%%%%%%%%%%%%%%%%%%%%%%%%%%%%%%%%%%%%%%%%%%%%
function main444
%积分上下限
a=0;
b=1;
% 试验点数
N=100000;
fun(a,b,mm);
%%%%%%%%%%%%%%%%%%%%%%%%%%%%%%%%%%%%%%%%%%%%%%%%%%%%%%%%
function result=fun(a,b,mm)
```

```
%a 是积分的下限    %b 是积分的上限
%积分函数    %mm 是随机试验次数
sum=0;
urandnum = unifrnd(a,b,1,mm);
xrandnum = -1+sqrt(1+3.*unifrnd(a,b,1,mm));
for ii=1:mm
    sum=sum+exp (xrandnum(1,ii))/(1+ xrandnum(1,ii));
end
result=1.5*sum/mm
%%%%%%%%%%%%%%%%%%%%%%%%%%%%%%%%%%%%%%%%%%%%%%%%%%%%%%%%
```

运行结果如下:

```
result=fun(0,1, 1000)=1.7222
result=fun(0,1, 10000)=1.7174
result=fun(0,1, 100000)=1.7185
```

上面介绍了单重积分的投点法、平均值法和重要抽样法的实现过程，计算多重积分是 Monte Carlo 方法的重要应用领域之一，上面所讨论的单重积分的三种模型可以毫无困难地推广到多重积分，这是 Monte Carlo 方法的优点。在这里就不再展开讨论多重积分的计算方法了，读者可以自己去尝试。

4.5 小结

Monte Carlo 方法是一种非常重要的模拟手段，尤其是在积分计算中，有着非常重要的意义。Monte Carlo 方法能将复杂的积分运算转化为简单的求和运算，这是 Monte Carlo 方法的精髓，也是第 5 章粒子滤波算法的重要理论基础。有了本章的知识，方能更好地理解粒子滤波的原理和思想。它们都是统计意义上的模拟，在本章的大量实验中，充分体现了这一点。

第 5 章 粒子滤波原理

有了前面的铺垫,本章重点介绍粒子滤波原理。在理解粒子滤波时需要用到第 4 章的原理,在分析数据时需要用到第 3 章的概率统计方法。

5.1 算法引例

我们都知道"树上有 10 只鸟,用枪打死了 1 只,树上的鸟还剩几只"的数学故事。现在我们借用这个数学题来介绍粒子滤波的基本原理。假定打鸟是合法的,树上的鸟全都是聋子,而且假定鸟儿喜欢栖息在树冠上,如图 5-1 所示,最后假设鸟的数目是无限的。现有 100 个眼睛近视的小朋友,他们并不知道也看不清鸟儿栖息在树冠上,于是他们举着鸟枪,朝 100 米外的树林依次随机开枪,得到以下统计结果。

第 1 轮射击中,有 3 个小朋友命中了小鸟,他们的射击位置为树冠位置,那么这 3 位小朋友分别告诉各自身边的小朋友,朝树冠射击。

第 2 轮射击中,除了得到"朝树冠射击"这一信息的小朋友外,其他依旧随机射击,结果是本轮有 8 个小朋友命中了小鸟。命中小鸟的小朋友继续将自己的信息传递给身边的小朋友,继续下一轮的射击。

第 3 轮射击中,共有 14 名小朋友命中目标。
……

图 5-1 群鸟栖息图

这个例子很好地解释了粒子滤波的几个重要概念。首先是粒子和粒子集的概念。粒子是随机试验的一个样本 x，对应上面引例 100 个小朋友中的其中一个。**粒子集**则是样本集合 X，即上例中 100 个近视的小朋友。**粒子数**则是样本集合的数目，即上面的 100。那么**优胜劣汰**的思想体现在哪里呢？粒子滤波算法估计过程中一个很重要的蜕变就是优胜劣汰，在这里虽然没有淘汰 100 个小朋友，但是有将优胜的小朋友的信息复制的过程，即部分没命中目标的小朋友学习了命中目标的小朋友的"朝树冠射击"这一知识，这其实就是一个粒子优胜劣汰的过程。那么"朝树冠射击"这一经验又从某种意义来说是**建议密度函数**，或者叫参考分布，它的作用在于指导新粒子产生的方向。**粒子滤波的作用**主要是用于参数估计，那么上面的引例的结论是，小朋友一开始并不知道鸟集中栖息在树冠上，通过几轮蒙特卡洛试验，最终得出的优化参数是：鸟栖息在树冠上。

当然这个例子是一种理想状态，完全是一种假设，方便读者在宏观上理解粒子滤波的过程。但是这个例子只能是一种科普性质的介绍，需要从数学上论证粒子滤波的实现过程。

5.2 系统建模

我们知道，粒子滤波算法不受线性高斯模型的约束，那是不是不需要系统模型呢？这是两回事，与卡尔曼滤波一样，粒子滤波算法同样需要知道系统的模型，如果不知道系统的模型，也要想办法构建一个模型来逼近真实的模型。这个真实模型就是各应用领域内系统的数学表示，主要包括状态方程和测量方程。

5.2.1 状态方程和过程噪声

粒子滤波算法广泛应用在视觉跟踪领域、通信与信号处理领域、机器人、图像处理、金融经济，以及目标定位、导航、跟踪领域，那么无论在哪个领域应用，都需要构建系统状态方程，系统状态方程通用的表示方法为：

$$X(k) = f(X(k-1), W(k)) \tag{5-1}$$

式中，$X(k) \in \mathbb{R}^{n_x}$，表示 k 时刻的状态，而 $X(k-1)$ 表示 k-1 时刻的状态。例如在目标跟踪中 $X(k) = [x(k), \dot{x}(k), y(k), \dot{y}(k)]^T$ 表示 k 时刻目标的位置和速度等状态信息，在电池寿命估计中 $X(k) = [a(k), b(k), c(k), d(k)]^T$ 表示电池 SOC 与老化时间的状态参数信息。

$W(k) \in \mathbb{R}^{n_w}$ 是系统的过程噪声，当过程噪声符合均值为 0、方差为 Q 是高斯分布时，可以表示为：

$$W(k) \sim N(0, Q)$$

映射函数 $f: \mathbb{R}^{n_x} \times \mathbb{R}^{n_w} \mapsto \mathbb{R}^{n_x}$，反映了当前时刻的状态与上一时刻状态之间的联系，可以表现为线性或非线性关系。

符合高斯分布的过程噪声也称为高斯白噪声，当然实际应用中系统的过程噪声可能不仅表现为高斯噪声模型，很多有色噪声也是大量存在的，当表现为有色噪声时，卡尔曼滤波就无能为力了，而粒子滤波正好能克服这个难题，它不限制系统的过程噪声模型。

很多读者在工程应用的过程中经常会出现一些疑问，如系统 f 是怎么样的表现形式？过程

噪声 $W(k)$ 的均值和方差怎么获得？

第一个问题的产生主要是很多读者在实际应用中，状态的模型未知，只知道系统源源不断地输出数据，这时建议好好调研应用领域，分析状态数据之间的联系，如通过拟合找到状态之间的规律，并最终确定状态方程。

第二个问题的产生主要是因为读者在做仿真算法时无法确定过程噪声的大小，如果做仿真，建议从信噪比这个概念来酌情给定过程噪声的均值和方差大小。对于实际工程应用，如跟踪飞机、导弹或其他目标，目标不同飞行过程中受到的空气摩擦力、风力阻力扰动是不一样的。要想获得运动目标的扰动过程噪声，可以了解空气动力学方面的知识。

5.2.2 观测方程和测量噪声

对观测方程的理解，应该只管有效的。例如，在一个锅炉温度测量系统中，可能不知道当前时刻与上一时刻的温度状态联系，但是一定可以通过温度计测量每个时刻的温度。那么这里提到的测量温度，就是用传感器观测系统数据的过程，这个过程是完全可控的，记为观测方程，也叫测量方程，通用表示方法如下：

$$Z(k) = h(X(k), V(k)) \tag{5-2}$$

式中，$Z(k) \in \mathbb{R}^{n_z}$，表示 k 时刻传感器的测量结果，$V(k) \in \mathbb{R}^{n_v}$ 则表示传感器的测量噪声，其均值和方差属于传感器的固有特性，一般出厂时会给定，当然，这个数据也可通过统计的方法得到。$h: \mathbb{R}^{n_x} \times \mathbb{R}^{n_v} \mapsto \mathbb{R}^{n_z}$ 则表达了测量结果与状态之间的函数关系。

对于观测方程，需要进一步说明的是，任何测量系统都涉及 3 个量的问题，分别是真实值、测量值和滤波值。我们知道**真实值**是绝对存在但是永远无法获得的；**测量值**即我们用传感器等工具手段获得能反映真实值大小的值，这个值与真实值相比是携带误差的；滤波算法经过滤波器优化之后得到的数值称为**滤波值**。这 3 个量的直接关系是怎么样的呢？如图 5-2 所示。

图 5-2 三值之间的关系

滤波值是利用传感器测量值通过优化算法得到的，滤波的目的在于降低噪声的干扰，使滤波结果接近真实值。图 5-2 反映了这三者之间的关系。假如滤波值不介于测量值和真实值之间，那只能说这个滤波器是没有效果的，或者是起负作用的。

关于系统的状态方程和观测方程，在很多参考文献中往往表现为先验概率、条件概率等形式。即，为了仿真某个具体的模型，往往在论文中看到用 $p(X_k | X_{k-1})$ 表示状态转移模型，

用 $p(Z_k|X_k)$ 表示状态测量模型，其本质上就对应了状态方程和观测方程。同理，用 $p(X_0)$ 表示时间点 $t=0$ 时状态的先验分布。用 $p(X_{0:k}|Z_{0:k})$ 表示后验密度，此处 $X_{0:k}=\{x_0,x_1,\cdots,x_k\}$，$Z_{1:k}=\{x_0,x_1,\cdots,x_k\}$，这样就把问题转化为时间序列问题了。在利用卡尔曼滤波或粒子滤波算法来解决工程中的状态估计问题时，本质上是在求解 $p(X_k|Z_{1:k})$，其含义是利用观测序列 $Z_{1:k}$ 对当前状态优化得到 X_k 这一时刻的状态参数。Merwe、Doucet 等人[7]将 $p(X_k|Z_{1:k})$ 称为**滤波密度**。

最后，总结一下系统的状态方程和观测方程：即不同领域的系统，状态的维数及表达的含义、状态函数 f、观测函数 h 是不同的。在不同应用领域中，模型的不同主要体现在状态函数 f 和观测函数 h 上。读者将在第 6 章和第 7 章的系统应用中进一步体会到这点。

5.3 核心思想

粒子滤波是一种基于蒙特卡洛仿真的近似贝叶斯滤波算法。其核心思想是用一些离散随机采样点来近似系统随机变量的概率密度函数，以样本均值代替积分运算，从而获得状态的最小方差估计。为了理解这一点，需要从以下几个方面来分析粒子滤波的实现过程。

5.3.1 均值思想

粒子滤波的核心思想中有离散的随机采样点，这与 Monte Carlo 仿真实验中的一次试验极其相似，我们假定粒子滤波的粒子集合为 $X_{\text{set}}=\{x_1,x_2,\cdots,x_N\}$，也称为样本集合，显然，该集合中的粒子数目为 N。能很容易地利用统计的方法计算粒子的均值如下：

$$\bar{X}=E(X_{\text{set}})=\frac{1}{N}\sum_{i=1}^{N}x_i \tag{5-3}$$

求均值并不难，粒子滤波的均值思想主要体现在粒子分布是否能"覆盖"真实值上。图 5-3 中，我们用正六边形小点代表目标状态的真实值，空心圆点代表粒子，实心圆点代表粒子集合通过公式（5-3）得到的均值。在图 5-3 中，由于粒子紧密地分布在真实值周围，而且整个集合内的所有粒子都靠近真实值，这种状态计算得到的均值当然也是靠近真实值的，这时均值与真实值的误差最小，是粒子滤波估计的理想状态。

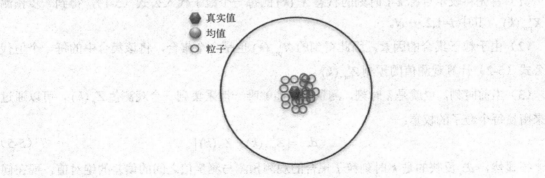

图 5-3 理想状态

图 5-4 中的粒子分布比较"散",但是依然能"覆盖"真实值,通过计算粒子集合的均值,也能够比较好地逼近真实值,这时的误差相对较大,但在被接受的范围内。在图 5-5 中,我们发现粒子集合的分布完全偏离了真实值,这时计算得到的均值必然发生巨大的偏离,其误差是非常大的,往往无法被接受。

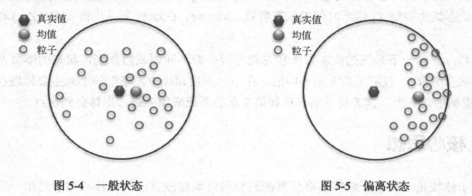

图 5-4 一般状态　　　　　　　　图 5-5 偏离状态

可以看出,粒子滤波的均值思想就是利用粒子集合的均值来作为滤波器的估计值。如果粒子集合的分布不能很好地"覆盖"真实值,那么滤波器经过几次迭代必然会出现滤波发散现象。

5.3.2　权重计算

权重计算是粒子滤波算法的核心,它的重要意义在于,根据权重大小能实现"优质"粒子的大量复制,对"劣质"粒子实现淘汰制。另外,经过权重计算,它也是重新指导粒子空间分布的依据。权重最终影响滤波结果,在公式(5-3)中并未引入权重,如果做加权平均,那么粒子滤波的结果为:

$$\bar{X} = E(X_{\text{set}}) = \frac{1}{N}\sum_{i=1}^{N} w_i x_i \quad (5\text{-}4)$$

实际中,粒子滤波的估计结果就是根据公式(5-4)计算得到的。这里重点讨论权重 w_i 计算方法问题。在计算权值时,分为以下步骤。

(1) 首先将表示目标 $k-1$ 时刻的状态 $X^i(k)$ 的每一个粒子代入公式(5-1),得到一步预测值 $X^i_{\text{pre}}(k)$,其中 $i=1,2,\cdots,N$。

(2) 由于粒子集合的因素,因此得到的 $X^i_{\text{pre}}(k)$ 也是一个集合,将该集合中的每一个值代入公式(5-2)计算观测值的预测 $Z^i_{\text{pre}}(k)$。

(3) 当前时刻,也就是 k 时刻,测量系统能够唯一地采集到一个观测值 $Z_g(k)$,可以通过它来衡量每个粒子的权重:

$$dz_i = |Z^i_{\text{pre}}(k) - Z_g(k)| \quad (5\text{-}5)$$

很显然,dz_i 反映的是 k 时刻粒子集合的观测预测与测量值之间的偏差的绝对值,现在问题是如何利用该值来计算权重?通过第 3 章的学习,我们知道,高斯分布的标准型为:

$$f(x) = \frac{1}{\sqrt{2\pi}\sigma} e^{\frac{(x-\mu)^2}{2\sigma^2}}, \quad -\infty < x < +\infty$$

高斯函数是一个非常完美的函数，将其变为：

$$f(x) = e^{\frac{(x-\mu)^2}{2\sigma^2}}, \quad -\infty < x < +\infty \tag{5-6}$$

这时假定 $\mu=0$，$\sigma=1$，那么可以画出其分布曲线图。粒子滤波在计算各个粒子的权重时，可以选用公式（5-6）来计算。如图 5-6 所示。当 dz_i 取值不同时，令 $x = dz_i$，代入公式（5-6），可以得到不同的取值点在曲线图中的位置情况。

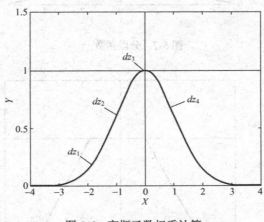

图 5-6　高斯函数权重计算

从图 5-6 可以看出，$x = dz_3 = 0$ 时权重获得最大值，其他情况都不如 $x = dz_3$ 的情况。仔细分析等式

$$x = dz_3 = |Z_{\text{pre}}^3(k) - Z_g(k)|$$

我们发现它反映的是这样一种规律：当 $x = dz_3 \to 0$ 时，滤波器一步预测的值 $Z_{\text{pre}}^i(k)$ 与传感器测量值 $Z_g(k)$ 越接近，反映在高斯函数上它就越接近峰值，其权重越大；反之，权值越小。更进一层地分析，这是粒子滤波在估计的过程中，它总是给靠近最新观测值的粒子以较高的权重，即"相信"最新数据，但由于粒子滤波中粒子众多，其他非靠近最新观测值的粒子权重相对较小，这其实反映的是"并不抛弃旧数据"。

这个规律很重要，是保障粒子滤波发挥成效的关键，了解卡尔曼滤波的读者，其实也注意到卡尔曼滤波也有这样的规律，主要体现在卡尔曼滤波五大核心公式的新息上。无论是卡尔曼滤波还是粒子滤波，权衡好新旧数据的权重比，在不同应用领域都是难题。希望读者在后面的仿真例子中能体会这一点。

计算粒子权重只能用高斯函数吗？其实，能反映"滤波器一步预测的值 $Z_{\text{pre}}^i(k)$ 与传感器测量值 $Z_g(k)$ 越接近，其权重越大；反之，权值越小"这一规律的任何函数，都是可以的。例如，图 5-7 和图 5-8 这两个函数，虽然表达式有点复杂，它们也可以用来计算权重，只是与高斯函数相比，没有高斯函数平滑和完美。

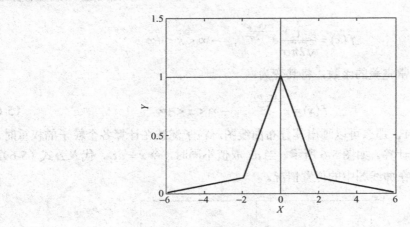

图 5-7 分段函数一

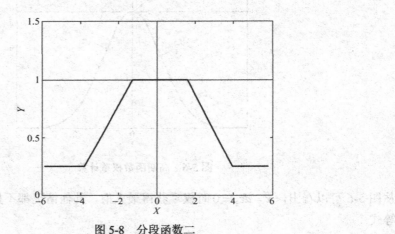

图 5-8 分段函数二

5.4 优胜劣汰

粒子滤波的"优胜劣汰"主要体现在对粒子的复制上,这种机制从某种意义上说保证了粒子滤波的最终目标得以实现。实现"优胜劣汰"的重要手段是重采样算法。重采样的思想是通过对样本重新采样,大量繁殖权重高的粒子,淘汰权值低的粒子,从而抑制退化,如图 5-9 所示。

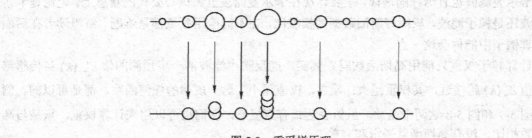

图 5-9 重采样原理

重采样之前,粒子样本集合与权重有序对为 $\{X_k^{(i)}, w_k^{(i)}\}_{i=1}^N$,重采样之后则变为 $\{X_k^{(i)}, \frac{1}{N}\}_{i=1}^N$,图中圆表示粒子,面积表示其权重。重采样前各个粒子 $X_k^{(i)}$ 对应的权重为 $w_k^{(i)}$,经过重采样后,粒子总数保持不变,权值大的粒子分成了多个粒子,权值特别小的粒子则被抛弃。这样,重采样后每个粒子权值相同,均为 $1/N$。

目前已有的重采样算法有很多,这里重点介绍 4 种比较经典的重采样算法,分别是随机采样、系统采样、残差采样和多项式采样。读者也可以参考最新的论文,研究更多的重采样算法。

5.4.1 随机重采样

随机重采样,利用了分层统计的思想,在 1999 年由 Carpenter 等人[1]提出,其将区间[0,1]分成相互独立的 N 层,设所需随机数目为 N,其中第 j 层为[$(j-1)/N, j/N$]。设 U 是[0,1]区间上的均匀分布随机变量,现由 U 产生一个随机数,根据该随机数落在何区间,响应区间对应的随机变量就是所需的输出量。如图 5-10 所示,假设某随机数正好落在第 j 区间,则输出为 x^j,粒子的子代数为 n^j 表示 U 的值落在该区间的次数。

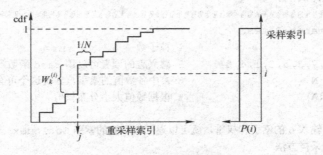

图 5-10 随机重采样算法诠释

图 5-10 很形象地揭示了重采样算法的本质:将权重大的粒子经过重采样后其在权重体现在索引的多少上。也就是说,权重大的粒子多次索引,权重小的粒子可能被抛弃。随机重采样算法实现过程分为以下几步:

(1)产生[0,1]上均匀分布随机数组 $\{u_j\}_{j=1}^N$,其中 N 为粒子总数。

(2)产生粒子权重累积函数 cdf,满足 $\mathrm{cdf}(i) = \sum_{m=1}^i w_k^m$。这在 MATLAB 实现过程中需要调用 cumsum()函数。如果 A 是一个向量,则 cumsum(A)返回一个向量,该向量中第 m 行的元素是 A 中第 1 行到第 m 行的所有元素累加和。关于 cumsum()其他用法,读者可以查看相关资料。

(3)开始计算:

```
k=1
for i=1:N
    while(cdf(k)<u(i))
        k=k+1
    end
```

```
            index(i)=k;    % 表示第 k 个粒子经重采样后被复制在第 i 个位置
        end
```

现在通过一个例子来看随机重采样的效果。假定用随机数 rand 随机产生 10 个[0,10]之间的整数 {2, 8, 2, 7, 3, 5, 5, 1, 4, 6}，这 10 个数的和为 43，权值就是它们本身数值的大小（见表 5-1）。将这组数存在一个数组 A 中，权值存放在数组 W 中。现在要做的工作是将该数组输入随机重采样算法中，迭代三次以后查看最终哪些值被复制、哪些值被淘汰。

表 5-1　随机重采样实例原始数据

索引	1	2	3	4	5	6	7	8	9	10
数值	2	8	2	7	3	5	5	1	4	6
权重	2/43	8/43	2/43	7/43	3/43	5/43	5/43	1/43	4/43	6/43

编写 MATLAB 算法程序如下：

```
%%%%%%%%%%%%%%%%%%%%%%%%%%%%%%%%%%%%%%%%%%%%%%%%%%%%%%%%%
% 随机采样测试程序
%%%%%%%%%%%%%%%%%%%%%%%%%%%%%%%%%%%%%%%%%%%%%%%%%%%%%%%%%
functionrandomR_test
N=10;                          % 粒子数
A=[2,8,2,7,3,5,5,1,4,6];       % 感兴趣的读者可以用 rand 函数产生
IndexA=1:N                     % A 中各数值的索引，其实这个可有可无
W=A./sum(A)                    % 根据数值大小分布权值

% 这里只要输入 A 的索引和权重，就可以返回一个新的索引 OutIndex
% 调用随机采样方法
OutIndex = randomR(W)

% OutIndex 是一个索引向量，表征的含义是：
% 原来 A 中的数据权值大的被多次索引（复制）
NewA=A(OutIndex)

% 第二次迭代
W=NewA./sum(NewA)
OutIndex = randomR(W)
NewA2=NewA(OutIndex)

% 第三次迭代
W=NewA2./sum(NewA2)
OutIndex = randomR(W)
NewA3=NewA2(OutIndex)

% 画图直观显示区别
figure
subplot(2,1,1);
```

```
    plot(A,'--ro','MarkerFace','g');
    axis([1,N,1,N])
    subplot(2,1,2);
    plot(NewA,'--ro','MarkerFace','g');
    axis([1,N,1,N])
%%%%%%%%%%%%%%%%%%%%%%%%%%%%%%%%%%%%%%%%%%%%%%%%%%%%%%%
% 函数功能：实现随机重采样算法
% 输入参数：weight 为原始数据对应的权重大小
% 输出参数：outIndex 是根据 weight 对 inIndex 筛选和复制结果
functionoutIndex = randomR(weight)
% 获得数据的长度
L=length(weight)
% 初始化输出索引向量，长度与输入索引向量相等
outIndex=zeros(1,L)

% 第一步：产生[0,1]上均匀分布的随机数组，并升序排列
u=unifrnd(0,1,1,L)
u=sort(u)
% u=(1:L)/L              % 这个是完全均匀
% 第二步：计算粒子权重累积函数 cdf
cdf=cumsum(weight)

% 第三步：核心计算
i=1;
for j=1:L
    % 此处的基本原理是：u 是均匀的，必然在权值大的地方
    % 有更多的随机数落入该区间，因此会被多次复制
    while  (i<=L) &  (u(i)<=cdf(j))
        % 复制权值大的粒子
        outIndex(i)=j;
        % 继续考察下一个随机数，看它落在哪个区间
        i=i+1;
    end
end
%%%%%%%%%%%%%%%%%%%%%%%%%%%%%%%%%%%%%%%%%%%%%%%%%%%%%%%
```

运行上面的程序，得到的结果见表 5-2。

表 5-2 三次迭代之后的结果

索引	1	2	3	4	5	6	7	8	9	10
原值	2	8	2	7	3	5	5	1	4	6
D1	2	8	8	7	7	3	5	5	5	5
D2	8	8	7	7	7	3	5	5	5	5
D3	8	8	7	7	7	7	7	5	5	5

D1 为第一次随机采样得到的结果，从表 5-2 中可以发现，原始数组 A 中的 1、4、6 被抛弃了，1 被抛弃在情理之中，4，6 比 2，3 大，为什么也被淘汰了？这主要是因为在产生均匀分布 U 数组时，并不能保证是理想均匀的，也就是说，有些区间没有落入随机数。D2 为第二次随机抽样结果，我们发现，D1 中的 2 被淘汰。D3 为第三次随机抽样结果，本轮淘汰了 D2 中的 3 和其中一个 5。如果继续抽样下去，最后肯定只剩 8，这就是优胜劣汰思想的体现。

注意，从 D1 的结果看，联想到在抽样过程中出现将本该保留的数据淘汰的情况，这就会陷入一种"局部最优"的情况。接下来的几种采样算法都会遇到这样的情况。为了不让这种情况出现，可以用完全均匀分布的数据来替换 unifrnd() 产生的数组。

5.4.2 多项式重采样

多项式重采样算法（Multinomial Resample）在 1993 年由 Gordon 等人[2]提出，基本解决了粒子滤波的粒子退化问题。

离散随机变量 X 的分布函数为概率累计形式：

$$F(x) = P(X \leqslant x) = \sum_{x_i < x} p(x_i) \tag{5-7}$$

根据上式产生[0,1]均匀分布随机数：

$$\begin{cases} u_j = u_j(\tilde{u}_j)^{\frac{1}{j}} & j = 1, \cdots, N-1 \\ u_N = (\tilde{u}_N)^{\frac{1}{N}} \end{cases}$$

式中，$\tilde{u} \sim U[0,1]$，$\{u_j\}_{j=1:N}$ 满足独立同分布。

多项式重采样算法步骤如下：

（1）在[0,1]区间按均匀分布采样得到 n 个独立同分布的采样值集合 $\{u_i\}_{i=1}^N$。

（2）令 $I^i = \text{cdf}\{u_i\}$，其中 cdf 是权值集合 $\{w^i\}_{i=1}^N$ 的累积分布函数，即，对于 $u \in (\sum_{j=1}^{i-1} w^j, \sum_{j=1}^{i} w^j]$，$\text{cdf}(u) = i$。

设 $\xi(i) = \xi^i$ 满足函数映射 $\xi: \{1, 2, \cdots, m\} \to X$，则 ξ^i 可以表示为 $\xi \circ \text{cdf}(u_i)$。

（3）初始化权值 $w^i = 1/N$，记 $\{v^i\}_{i=1}^N$ 为重采样后对应粒子复制数目的集合，其中 v^i 表示重采样前的第 i 个粒子在重采样后被复制的数目，$0 \leqslant v^i \leqslant m$。

现在仍然选用数组 $A = \{2, 8, 2, 7, 3, 5, 5, 1, 4, 6\}$，权重就是其自身数值（见表 5-1 中的数据），用多项式重采样算法来反复迭代几次，查看最终的结果。编写 MATLAB 仿真程序如下：

```
%%%%%%%%%%%%%%%%%%%%%%%%%%%%%%%%%%%%%%%%%%%%%%%%%%%%%%%%%%%%%%%%%
% 多项式重采样测试程序
%%%%%%%%%%%%%%%%%%%%%%%%%%%%%%%%%%%%%%%%%%%%%%%%%%%%%%%%%%%%%%%%%
functionmultinomialR_test
rand('seed',1);                  % 随机数种子，保证多次运行结果统一
N=10;                            % 粒子数
A=[2,8,2,7,3,5,5,1,4,6];         % 感兴趣的读者可以用 rand 函数产生
```

```
    IndexA=1:N               % A 中各数值的索引,其实这个可有可无
    W=A./sum(A)              % 根据数值大小分布权值
% 设置迭代的次数
DiedaiNumber=6;
V=[];
% 不破坏原始数据,重新搞一组数据
AA=A;
WW=W;
for k=1:DiedaiNumber
    % 调用多项式重采样方法子程序
    outIndex = multinomialR(WW);
    % 经过随机采样后得到的样本 AA,读者要细细比较它与原 AA 样本的区别
    AA=AA(outIndex);
    % 重新计算权重
    WW=AA./sum(AA)
    % 保存到 V 中
    V=[V;AA];
end
V
% 画图直观显示区别
figure
subplot(2,1,1);
plot(A','--ro','MarkerFace','g');
subplot(2,1,2);
plot(V(1,:)','--ro','MarkerFace','g');
%%%%%%%%%%%%%%%%%%%%%%%%%%%%%%%%%%%%%%%%%%%%%%%%%%%%
% 多项式重采样子函数
% 输入参数:weight 为原始数据对应的权重大小
% 输出参数:outIndex 是根据 weight 筛选和复制的结果
functionoutIndex = multinomialR(weight);
% 获取数据的长度
%[Row,Col] = size(weight);
Col=length(weight)
N_babies= zeros(1,Col);

% 计算粒子权重累积函数 cdf
cdf= cumsum(weight);
% 产生[0,1]均匀分布的随机数
u=rand(1,Col)


% 求 u^(j^-1)次方
uu=u.^(1./(Col:-1:1))
% 如果 A 是一个向量,cumprod(A)将返回一个包含 A 各元素累积连乘的结果的向量,
% 元素个数与原向量相同。
ArrayTemp=cumprod(uu)
% fliplr(X)使矩阵 X 沿垂直轴左右翻转。
```

```
            u = fliplr(ArrayTemp);
            j=1;
            for i=1:Col
                % 此处跟随机采样相似
                while (u(i)>cdf(j))
                    j=j+1;
                end
                N_babies(j)=N_babies(j)+1;
            end;
            index=1;
            for i=1:Col
                if (N_babies(i)>0)
                    for j=index:index+N_babies(i)-1
                        outIndex(j) = i;
                    end;
                end;
                index= index+N_babies(i);
            end
            %%%%%%%%%%%%%%%%%%%%%%%%%%%%%%%%%%%%%%%%%%%%%%%%%
```

运行以上程序，将数组 V 打印到控台窗口，得到以下数据：

```
V =
    2    8    8    2    7    3    5    1    4    6
    8    8    8    8    7    7    7    3    1    4
    8    8    8    8    8    8    8    7    7    3
    8    8    8    8    8    8    8    8    7    3
    8    8    8    8    8    8    8    8    7    3
    8    8    8    8    8    8    8    8    8    8
```

可以发现，经过 6 次迭代以后，最终把最大的数字"8"这个粒子复制满了整个集合，这也就是重采样最终期望的结果。

5.4.3 系统重采样

系统重采样算法（Systematic Resampling）由 Doucet 等人[3]于 2000 年提出，它与分层采样算法较为相似，算法步骤如下：

（1）将(0,1]分成 N 个连续互补重合的区间，即(0,1]=(0,1/N]∪…∪((N-1)/N,1]。

（2）对每个子区间独立同分布采样得到 $U^i s$，即 $U^i = \frac{i-1}{N} + U\left(\left(0, \frac{1}{N}\right]\right)$，其中 $U([a,b])$ 表示区间$[a,b]$上的均匀分布。

（3）令 $I^i = \mathrm{cdf}(u_i)$，其中 cdf 是权值集合 $\{w^i\}_{i=1}^N$ 的累积分布函数，即对于 $u \in (\sum_{j=1}^{i-1} w^j, \sum_{j=1}^{i} w^j]$，$\mathrm{cdf}(u) = i$。

设 $\xi(i) = \xi^i$ 满足函数映射 $\xi: \{1,2,\cdots,m\} \to X$，则 ξ^i 可以表示为 $\xi \circ \mathrm{cdf}(u_i)$。

（4）初始化权值 $w^i = 1/N$，记 $\{v^i\}_{i=1}^{N}$ 为重采样后对应粒子复制数目的集合，其中 v^i 表示重采样前的第 i 个粒子在重采样后被复制的数目，$0 \leqslant v^i \leqslant m$。

同样，对于表 5-1 中的数据，用系统采样算法对其进行重采样，编写 MATLAB 仿真程序如下：

```matlab
%%%%%%%%%%%%%%%%%%%%%%%%%%%%%%%%%%%%%%%%%%%%%%%%%%%%%%%%
% 系统重采样测试程序
%%%%%%%%%%%%%%%%%%%%%%%%%%%%%%%%%%%%%%%%%%%%%%%%%%%%%%%%
function systematicR_test
rand('seed',1);                 % 随机数种子，保证多次运行结果统一
N=10;                           % 粒子数
A=[2,8,2,7,3,5,5,1,4,6];        % 感兴趣的读者可以用 rand 函数产生
IndexA=1:N                      % A 中各数值的索引，其实这个可有可无
W=A./sum(A)                     % 根据数值大小分布权值
% 设置迭代的次数
DiedaiNumber=7;
V=[];
% 不破坏原始数据，重新搞一组数据
AA=A;
WW=W;
for k=1:DiedaiNumber
    % 调用多项式重采样方法子程序
    outIndex = systematicR(WW);
    % 经过随机采样后得到的样本 AA，读者要仔细比较它与原 AA 样本的区别
    AA=AA(outIndex);
    % 重新计算权重
    WW=AA./sum(AA)
    % 保存到 V 中
    V=[V;AA];
end
V
% 画图直观显示区别
figure
subplot(2,1,1);
plot(W,'--ro','MarkerFace','g');
legend('原始随机样本集 W');
subplot(2,1,2);
plot(V(1,:),'--ro','MarkerFace','g');
legend('重采样后样本集 V');
%%%%%%%%%%%%%%%%%%%%%%%%%%%%%%%%%%%%%%%%%%%%%%%%%%%%%%%%
% 系统重采样子函数
% 输入参数：weight 为原始数据对应的权重大小
% 输出参数：outIndex 是根据 weight 筛选和复制结果
function outIndex = systematicR(weight);
% 得到权重矩阵的大小，即行和列
% [Row,N] = size(weight);
```

```
N=length(weight);
N_children=zeros(1,N);
label=zeros(1,N);
label=1:1:N;
s=1/N;
auxw=0;
auxl=0;
li=0;
T=s*rand(1);
j=1;
Q=0;
i=0;
u=rand(1,N);
while (T<1)
    if (Q>T)
        T=T+s;
        N_children(1,li)=N_children(1,li)+1;
    else
        i=fix((N-j+1)*u(1,j))+j;
        auxw=weight(1,i);
        li=label(1,i);
        Q=Q+auxw;
        weight(1,i)=weight(1,j);
        label(1,i)=label(1,j);
        j=j+1;
    end
end
index=1;
for i=1:N
    if (N_children(1,i)>0)
        for j=index:index+N_children(1,i)-1
            outIndex(j) = i;
        end;
    end;
    index= index+N_children(1,i);
end
%%%%%%%%%%%%%%%%%%%%%%%%%%%%%%%%%%%%%%%%%%%%%%%%%%%%%%%%%%%%%%%%%
```

在程序中设置了 7 次迭代，运行结果在命令窗口中输出以下数据：

```
V =
     8     8     2     7     3     5     5     1     4     6
     8     8     8     7     3     5     5     5     4     6
     8     8     8     8     7     5     5     5     4     6
     8     8     8     8     8     8     7     5     5     5
     8     8     8     8     8     8     8     8     8     7
     8     8     8     8     8     8     8     8     8     7
     8     8     8     8     8     8     8     8     8     8
```

与多项式的结果一致，最终将权重最大的值"8"全部复制满整个粒子集合。不同的是这里迭代了 7 次，当然有兴趣的读者可以多试试其他数据，从概率统计中比较这两种算法的优劣。

5.4.4 残差重采样

残差重采样算法（Residual Resampling）在 1998 年由 Liu 等人[4-5]提出，它以多项式重采样算法为基础，算法步骤为：

（1）由 $\text{Mult}(N-R;\overline{w}2,\cdots,\overline{w}^N)$ 得到 $\{\overline{N}^i\}_{1\leq i\leq N}$，其中 $R=\sum_{i=1}^{N}\lfloor Nw^i \rfloor$，$\overline{w}=\dfrac{Nw^j-\lfloor Nw^j \rfloor}{N-R}$，$i=1,\cdots,N$，$\lfloor x \rfloor$ 表示对 x 取整运算。

（2）令 $N^i=\lfloor Nw^i \rfloor + \overline{N}^i$。

（3）重新分配各粒子权值 $\tilde{w}^i=1/N$。

同样用表格 5-1 中的数据，多次迭代查看运行效果，编写 MATLAB 仿真程序如下：

```
%%%%%%%%%%%%%%%%%%%%%%%%%%%%%%%%%%%%%%%%%%%%%%%%%%%%%%%%
% 残差重采样测试程序
%%%%%%%%%%%%%%%%%%%%%%%%%%%%%%%%%%%%%%%%%%%%%%%%%%%%%%%%
functionresidualR_Test
rand('seed',1);              % 随机数种子，保证多次运行结果统一
N=10;                        % 粒子数
A=[2,8,2,7,3,5,5,1,4,6];     % 感兴趣的读者可以用 rand 函数产生
IndexA=1:N                   % A 中各数值的索引，其实这个可有可无
W=A./sum(A)                  % 根据数值大小分布权值
% 设置迭代的次数
DiedaiNumber=8;
V=[];
% 不破坏原始数据，重新搞一组数据
AA=A;
WW=W;
for k=1:DiedaiNumber
    % 调用多项式重采样方法子程序
    outIndex = residualR(WW);
    % 经过随机采样后得到的样本 AA，读者要仔细比较它与原 AA 样本的区别
    AA=AA(outIndex);
    % 重新计算权重
    WW=AA./sum(AA);
    % 保存到 V 中
    V=[V;AA];
end
V
% 画图直观显示区别
figure
subplot(2,1,1);
plot(W','--ro','MarkerFace','g');
```

```
            xlabel('index');ylabel('Value of W');
            subplot(2,1,2);
            plot(V(1,:)','--ro','MarkerFace','g');
            xlabel('index');ylabel('Value of V');
%%%%%%%%%%%%%%%%%%%%%%%%%%%%%%%%%%%%%%%%%%%%%%%%%%%%%%%%%%%%%%%%%%%%%%
% 函数功能说明：残差重采样函数
% 输入参数：一组权重 weight 向量
% 输出参数：为该权重重采样后的索引 outIndex
functionoutIndex = residualR(weight)
N= length(weight);
N_babies= zeros(1,N);
q_res = N.*weight;
N_babies = fix(q_res);
N_res=N-sum(N_babies);
if (N_res~=0)
    q_res=(q_res-N_babies)/N_res;
    cumDist= cumsum(q_res);
    u = fliplr(cumprod(rand(1,N_res).^(1./(N_res:-1:1))));
    j=1;
    for i=1:N_res
        while (u(1,i)>cumDist(1,j))
            j=j+1;
        end
        N_babies(1,j)=N_babies(1,j)+1;
    end;
end;
index=1;
for i=1:N
    if (N_babies(1,i)>0)
        for j=index:index+N_babies(1,i)-1
            outIndex(j) = i;
        end;
    end;
    index= index+N_babies(1,i);
end
%%%%%%%%%%%%%%%%%%%%%%%%%%%%%%%%%%%%%%%%%%%%%%%%%%%%%%%%%%%%%%%%%%%%%%
```

在命令窗口中查看运行结果如下：

```
V =
    2    8    8    7    3    5    5    1    4    6
    2    8    8    8    7    7    5    5    4    6
    2    8    8    8    8    8    7    7    5    6
    8    8    8    8    8    8    7    7    6    6
    8    8    8    8    8    8    7    7    6    6
    8    8    8    8    8    8    8    7    7    6
```

8	8	8	8	8	8	8	8	7	7
8	8	8	8	8	8	8	8	7	7

运行中，可以看到迭代了 8 次，整个集合中还没出现全为"8"的现象，这是否意味着残差采样不如其他重采样算法呢，读者可以思考一下。

5.5 粒子滤波器

粒子滤波的英文为 Particle Filer，1999 年，Carpenter 在"Improved particle filter for nonlinear problems"一文中将粒子滤波称为蒙特卡洛粒子滤波，即 Monte Carlo Particle Filter，该称谓已基本被业界接受。粒子滤波的正式建立应归功于 Gordon、Salmond 和 Smith 所提出的重采样（Resampling）技术，几乎同时，一些统计学家也独立地发现和发展了采样-重要性重采样（Sampling-Importance Resampling，SIR）思想，该思想最初由 Rubin 在非动态的框架内提出。到了 20 世纪 90 年代中期，粒子滤波的重新发现并成为热点应部分归功于科学计算机计算能力的提高。

5.5.1 蒙特卡洛采样

通过第 4 章的介绍我们知道，蒙特卡洛方法是从后验概率分别采集带权重的粒子集（样本集），用粒子集表示后验分布，将积分转化为求和形式，即：

$$\hat{p}(X_{0:k} | Z_{1:k}) = \frac{1}{N} \sum_{i=1}^{N} \delta_{X_{0:k}}(\mathrm{d}X_{0:k}) \tag{5-8}$$

这里的 $\{X_{0:k}^{(i)} : i = 1, 2, \cdots, N\}$ 是从后验概率分布采集的随机样本集，$\delta(\mathrm{d}X_{0:k})$ 为 Dirac-delta 函数。于是，状态序列的函数 $g_k : R^{(t+1)n} \to R^n$ 的期望：

$$E[g_t(X_{0:k})] = \int g_k(X_{0:k}) p(X_{0:k} | Z_{1:k}) \mathrm{d}X_{0:k} \tag{5-9}$$

可以近似为：

$$\overline{E[g_k(X_{0:k})]} = \frac{1}{N} \sum_{i=1}^{N} g_k(X_{0:k}^{(i)}) \tag{5-10}$$

此时，需要假设这些粒子 $\{X_{0:k}^{(i)} : i = 1, 2, \cdots, N\}$ 独立分布，根据大数定律，有在 $N \to \infty$ 时 $\overline{E[g_k(X_{0:k})]}$ 几乎确定收敛到 $E[g_k(X_{0:k})]$。而且如果 $\mathrm{var}[g_k(X_{0:k})] < \infty$，那么由中心极限定理有，当 $N \to \infty$ 时：

$$\sqrt{N E[g_k(X_{0:k})]} - E[g_k(X_{0:k})] \to N[0, \mathrm{var}(g_k(X_{0:k}))] \tag{5-11}$$

在粒子滤波中，我们借用了蒙特卡洛的思想，就是一组随机的样本点。通过调整这组样本点权值，得到我们想要的结果。

5.5.2 贝叶斯重要性采样

对蒙特卡洛采样方法，后验概率分布可以用有限的离散样本集来近似。根据大数定理，

随着粒子数 N 的增加，期望 $E[g_k(X_{0:k})]$ 的积分求解可以转化为 $\overline{E[g_k(X_{0:k})]}$ 求和来近似，近似程度的高低依赖于粒子的数量 N。通常后验概率分布函数是无法直接得到的，而贝叶斯重要性采样描述了这个问题的求解方法。

贝叶斯重要性采样原理的基本思想是这样的：它先从一个已知的且容易采样的参考分布 $q(X_{0:k}|Z_{1:k})$ 中抽样，通过对参考分布的采样获得的粒子集进行加权求和来近似后验分布 $p(X_{0:k}|Z_{1:k})$。即将贝叶斯的积分表示：

$$E[g_k(X_{0:k})] = \int g_k(X_{0:k}) p(X_{0:k}|Z_{1:k}) dX_{0:k}$$
$$= \int g_k(X_{0:k}) \frac{p(X_{0:k}|Z_{1:k})}{q(X_{0:k}|Z_{0:k})} q(X_{0:k}|Z_{0:k}) dX_{0:k} \tag{5-12}$$

替换为数学期望求和的形式：

$$\overline{E[g_k(X_{0:k})]} = \frac{\frac{1}{N}\sum_{i=1}^{N} g(X_{0:k}^{(i)}) w_k(X_{0:k}^{(i)})}{\frac{1}{N} w_k(X_{0:k}^{(i)})} \tag{5-13}$$

$$= \sum_{i=1}^{N} g_k(X_{0:k}^{(i)}) \tilde{w}_t(X_{0:k}^{(i)})$$

$$w_k(X_{0:k}) = \frac{p(Z_{1:k}|X_{0:k}) p(X_{0:k})}{q(X_{0:k}|Z_{1:k})} \tag{5-14}$$

式中，$\tilde{w}_k(X_{0:k}^{(i)})$ 为 $w_k(X_{0:k})$ 归一化权值，$X_{0:k}^{(i)}$ 是由 $q(X_{0:k}|Z_{1:k})$ 中采样而获得的样本。

5.5.3 SIS 滤波器

贝叶斯重要性采样是一种常用的简单的蒙特卡洛方法，但是没有考虑到递推估计的特点。贝叶斯估计也是一个序列估计问题，因此在采样上也必须有序列关系。而且数据处理的方法也希望是序列的，以满足处理过程中时间响应和结果输出要求。由于贝叶斯重要性采样在估计 $p(X_{0:k}|Z_{1:k})$ 时需要所有的数据 $Z_{1:k}$，在每一次新的观测数据 Z_{k+1} 到来时，需要重新计算整个状态序列的重要性权值，其计算量将随着时间增加。

为了解决这一问题，人们提出序列重要性采样（Sequential Importance Sampling, SIS）。它在时间 $k+1$ 采样时，不改变过去的状态序列样本集，而采用递归的形式计算重要性权值，即将参考分布改写为

$$q(X_{0:k}|Z_{1:k}) = q(X_{0:k-1}|Z_{1:k-1}) q(X_k|Z_{0:k-1}, Z_k) \tag{5-15}$$

同时假设系统状态时一个一阶马尔科夫过程，且在给定系统状态下各次观测独立，即

$$p(X_{0:k}) = p(X_0) \prod_{j=1}^{k} p(X_j|X_{j-1}) \tag{5-16}$$

$$p(Z_{1:k}|X_{0:k}) = \prod_{j=1}^{k} p(Z_j|X_{j-1}) \tag{5-17}$$

此时，通过从参考分布 $q(X_{0:k-1}|Z_{1:k-1})$ 得到样本集 $\{X_{0:k-1}^{(i)}, i=1,2,\cdots,N\}$ 以及从

$q(X_k|X_{0:k-1},Z_{1:k})$ 得到样本点 $X_k^{(i)}$,这样就可以得到新的样本集 $\{X_{0:k}^{(i)}, i=1,2,\cdots N\}$。将(5-17)代入(5-14)有

$$w_k = \frac{p(Z_{1:k}|X_{0:k})p(X_{0:k})}{q(X_k|X_{0:k-1},Z_{1:k})q(X_{0:k-1}|Z_{1:k-1})} \tag{5-18}$$

又由(5-18)有

$$w_{k-1} = \frac{p(Z_{1:k-1}|X_{0:k-1})p(X_{0:k-1})}{q(X_{0:k-1}|Z_{1:k-1})} \tag{5-19}$$

由以上两式可以得到

$$\begin{aligned}w_k &= w_{k-1}\frac{p(Z_{1:k}|X_{0:k})p(X_{0:k})}{p(Z_{1:k-1}|X_{0:k-1})p(X_{0:k-1})q(X_k|X_{0:k-1},Z_{1:k})}\\&= w_{k-1}\frac{p(Z_k|X_k)p(X_k|X_{k-1})}{q(X_k|X_{0:k-1},Z_{1:k})}\end{aligned} \tag{5-20}$$

如果做进一步假设,使 $q(X_k|X_{0:k-1},Z_{1:k}) = p(X_k|X_{k-1},Z_k)$,也就是说状态估计的过程是最优估计,参考分布概率密度函数只依赖于 X_{k-1} 和 Z_k,则在状态估计的过程中只存储样本点 $X_k^{(i)}$。经采样,对每个粒子赋予权重 $w_k^{(i)}$,由式(5-19)和式(5-20)得到:

$$w_k^{(i)} = w_{k-1}^{(i)} \frac{p(Z_k|X_k^{(i)})p(X_k^{(i)}|X_{k-1}^{(i)})}{q(X_k^{(i)}|X_{k-1}^{(i)},Z_{1:k})} \tag{5-21}$$

这样,参考分布选择的关键就是如何合理选择 $q(X_k^{(i)}|X_{k-1}^{(i)},Z_{1:k})$。最优的选择方法是参考分布等于真实分布,即:

$$q(X_k|X_{0:k-1},Z_{1:k}) = p(X_k|X_{k-1},Z_k) \tag{5-22}$$

此时,对于任意粒子 $X_k^{(i)}$ 都有权重 $w_k^{(i)}$,权重的递推公式为:

$$w_k^{(i)} = w_{k-1}^{(i)} \int p(Z_k|X_k^{(i)})p(X_k^{(i)}|X_{k-1}^{(i)})\mathrm{d}X_k^{(i)} \tag{5-23}$$

虽然上述参考分布式最优选择,但是通常真实分布 $p(X_k|X_{k-1},Z_k)$ 很难得到,而且式(5-23)的积分一般无法求解。因此常见的参考分布为先验密度,即

$$q(X_k|X_{0:k-1},Z_{1:k}) = p(X_k|X_{k-1}) \tag{5-24}$$

代入式(5-21)得到:

$$w_k^{(i)} = w_{k-1}^{(i)} p(Z_k|X_k^{(i)}) \tag{5-25}$$

5.5.4 Bootstrap/SIR 滤波器

1993 年,由 Gordon、Salmond 和 Smith 等人提出的 Bayesian Bootstrap 滤波器在思想上与采样-重要性再采样(Sampleing-Importance Resampling,SIR)极其相似,两者唯一的区别是在采样算法上有细微的区别。因此,在这里把它们作为同一类问题讨论。粒子滤波采样原理如图 5-11 所示,可以分为以下几步。

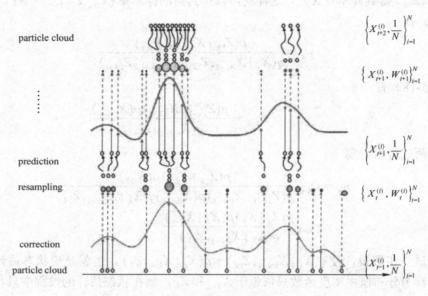

图 5-11 粒子滤波采样原理

(1) 从参考分布函数 $q(X)$ 中抽取 N 个随机样本 $\{X_{k-1}^{(i)}\}_{i=1}^{N}$,并且使权值置为 $1/N$。

(2) 为每个样本 $X_k^{(i)}$ 计算重要性权值,使 $w_k^{(i)} \propto p(X_k)/q(X_k)$。

(3) 归一化重要性权值 $\tilde{w}_k(X_{0:k}^{(i)}) = \dfrac{w_k(X_{0:k}^{(i)})}{\sum\limits_{i=1}^{N} w_k(X_{0:k}^{(i)})}$。

(4) 在离散集 $\{X_{k-1}^{(i)}\}_{i=1}^{N}$ 中重新采样 N 次,并且使每个粒子 $X_k^{(i)}$ 进行再抽样的概率正比于权重 $\tilde{w}_k^{(i)}$。

SIR 滤波器和 SIS 滤波器都属于**基本粒子滤波器**,都使用重要性采样算法,但是两者又有区别。对于 SIR 滤波器,重采样总是会被执行,在算法中通常两次重要性采样之间需要一次重采样,而 SIS 滤波器只是在需要时才进行重采样,因此 SIS 的计算量比 SIR 的计算量要小一些;参考分布的选择无论是对 SIS 还是 SIR 的滤波性能都起着至关重要的作用。在使用再抽样算法时,需要注意以下几点。

(1) 由于重采样会给当前粒子带来额外的随机方差,因此建议在滤波之后才进行重采样。通常(尤其是离线处理的时候)应该在重采样之前计算后验估计及其他相关估计。

(2) 再采样阶段幸存的粒子的新权值没有必要都化归置 $1/N$。

(3) 为减轻 SIS 滤波器中的采样衰竭现象,可以加一个参数 α,使:

$$w_k^{(i)} = (w_{k-1}^{(i)})^{\alpha} \cdot \frac{p(Z_k \mid X_k^{(i)}) p(X_k^{(i)} \mid X_{k-1}^{(i)})}{q(X_k^{(i)} \mid X_{k-1}^{(i)}, Z_{1:k})} \tag{5-26}$$

其中标量 $0 < \alpha < 1$ 作为退火因子来控制先前重要性权值的影响。

5.5.5 粒子滤波算法通用流程

无论是 SIS 还是 SIR 粒子滤波，其算法流程都很相似。在此，总结两者的特点，归纳一般粒子滤波算法的流程如下。

（1）初始化，t=0。

For i=1:N，从先验分布 $p(X_0)$ 中抽取初始化状态 $X_0^{(i)}$。

（2）For t=1:T。

(a) 重要性采样阶段。

- For i=1:N，采样 $\hat{X}_k^{(i)} \sim q(X_k | X_{0:k-1}^{(i)}, Z_{1:k})$，并设置 $\hat{X}_{0:k}^{(i)} \triangleq (X_{0:k}^{(i)}, \hat{X}_k^{(i)})$。
- For i=1:N，为每个粒子重新计算权重。

$$w_k^{(i)} = w_{k-1}^{(i)} \frac{p(Z_k | X_k^{(i)}) p(X_k^{(i)} | X_{k-1}^{(i)})}{q(X_k^{(i)} | X_{k-1}^{(i)}, Z_{1:k})}$$

- For i=1:N，归一化权重。

$$\tilde{w}_k(X_{0:k}^{(i)}) = \frac{w_k(X_{0:k}^{(i)})}{\sum_{i=1}^{N} w_k(X_{0:k}^{(i)})}$$

(b) 选择阶段（重采样）。

- 根据近似分布 $p(X_{0:k}^{(i)} | Z_{1:k})$ 产生 N 个随机样本集合 $X_{0:k}^{(i)}$，在计算权重时根据 5.3.2 节的内容得到权重，根据归一化权值 $\tilde{w}_k(X_{0:k}^{(i)})$ 的大小，对粒子集合 $\hat{X}_{0:k}^{(i)}$ 进行复制和淘汰。
- For i=1:N，重新设置权重 $w_k^{(i)} = \tilde{w}_k^{(i)} = \frac{1}{N}$。

(c) 输出。

粒子滤波算法的输出其实是一组样本点，这些样本点可以近似地表示成后验分布，即：

$$p(X_{0:k} | Z_{1:k}) \approx \hat{p}(X_{0:k} | Z_{1:k}) = \frac{1}{N} \sum_{i=1}^{N} \delta_{(X_{0:k}^{(i)})}(dX_{0:k})$$

对其计算均值的一种快捷方法是：

$$E(g_k(X_{0:k})) = \int g_k(X_{0:k}) p(X_{0:k} | Z_{1:k}) dX_{0:k} \approx \frac{1}{N} \sum_{i=1}^{N} g_k(X_{0:k}^{(i)})$$

在这里称 $g_k : (R^{n_X})^{(k+1)} \to R^{n_{g_k}}$ 为利益函数，它与 $p(X_{0:k} | Z_{1:k})$ 的乘积是可积的。该函数的例子有很多，如选用 $X_{0:k}$ 边缘条件均值，此时 $g_k(X_{0:k}) = X_k$；再如选用 $X_{0:k}$ 的边缘条件协方差，即：

$$g_k(X_{0:k}) = X_k X_k^T - E_{p(X_{0:k}|Z_{1:k})}[X_k] p(X_{0:k} | Z_{1:k}) E_{p(X_{0:k}|Z_{1:k})}^T[X_k].$$

边缘条件均值反映了利益函数的质量。

end

基本粒子滤波算法在应用复杂系统中时效果并不是很好，一些改进措施和方法是必需的，第 6 章讨论了对基本粒子滤波算法改进的思路。

5.6 粒子滤波仿真实例

为了进一步说明粒子滤波的具体应用，现选用一个通用的状态和观测都是一维的非线性系统，作为介绍粒子滤波算法的例子。通过此例子的学习，读者完全有能力推广到状态为 M 维观测为 N 维的系统中去。当然，后续各章中也会重点介绍粒子滤波在各领域的应用，对比分析就会发现粒子滤波程序并不难。

5.6.1 一维系统建模

这里采用一个广泛应用的标量模型对粒子滤波算法在非线性系统中的应用进行仿真分析。其状态模型和观测模型为：

$$x_k = f_k(x_{k-1}, k) + w_{k-1}$$
$$z_k = x_k^2 / 20 + v_k$$

这里，$f_k(x_{k-1}, k) = 0.5x_{k-1} + 2.5x_{k-1}/(1+x_{k-1}^2) + 8\cos(1.2k)$，$w_k$ 和 v_k 为均值为 0、方差分别为 $Q_k = 10$ 和 $R_k = 1$ 的高斯噪声。状态方程中 x_k 和 x_{k-1} 是非线性关系，观测方程中 z_k 和 x_k 也是非线性关系。

5.6.2 一维系统仿真

根据 5.6.1 节的模型，编写 MATLAB 仿真程序。

```
%%%%%%%%%%%%%%%%%%%%%%%%%%%%%%%%%%%%%%%%%%%%%%%%%%%%%%%%%%%%%%%
functionParticle_For_UnlineOneDiv
randn('seed',1);           % 为了保证每次运行结果一致，给定随机数的种子点
% 初始化相关参数
T =50;                     % 采样点数
dt=1;                      % 采样周期
Q=10;                      % 过程噪声方差
R=1;                       % 测量噪声方差
v=sqrt(R)*randn(T,1);      % 测量噪声
w=sqrt(Q)*randn(T,1);      % 过程噪声
numSamples=100;            % 粒子数
ResampleStrategy=4;        % =1 为随机采样，=2 为系统采样……
%%%%%%%%%%%%%%%%%%%%%%%%%%%%%%%%%%%%%%%%%%%%%%%%%%%%%%%%%%%%%%%
x0=0.1;                    % 初始状态
%产生真实状态和观测值
X=zeros(T,1);              % 真实状态
Z=zeros(T,1);              % 量测
X(1,1)=x0;                 % 真实状态初始化
Z(1,1)=(X(1,1)^2)./20 + v(1,1); % 观测值初始化
```

```matlab
for k=2:T
    % 状态方程
    X(k,1)=0.5*X(k-1,1) + 2.5*X(k-1,1)/(1+X(k-1,1)^(2))...
        + 8*cos(1.2*k)+ w(k-1,1);
    % 观测方程
    Z(k,1)=(X(k,1).^(2))./20 + v(k,1);
end
%%%%%%%%%%%%%%%%%%%%%%%%%%%%%%%%%%%%%%%%%%%%%%%%%%%%%%%%%%%%%%%
% 粒子滤波器初始化，需要设置用于存放滤波估计状态，粒子集合，权重等数组
Xpf=zeros(numSamples,T);            % 粒子滤波估计状态
Xparticles=zeros(numSamples,T);     % 粒子集合
Zpre_pf=zeros(numSamples,T);        % 粒子滤波观测预测值
weight=zeros(numSamples,T);         % 权重初始化
% 给定状态和观测预测的初始采样：
Xpf(:,1)=x0+sqrt(Q)*randn(numSamples,1);
Zpre_pf(:,1)=Xpf(:,1).^2/20;
% 更新与预测过程：
for k=2:T
    % 第一步：粒子集合采样过程
    for i=1:numSamples
        QQ=Q;       % 跟kalman滤波不同，这里的Q不要求与过程噪声方差一致
        net=sqrt(QQ)*randn;  % 这里的QQ可以看成是"网"的半径，数值上可以调节
        Xparticles(i,k)=0.5.*Xpf(i,k-1) + 2.5*Xpf(i,k-1)./(1+Xpf(i,k-1).^2)...
            + 8*cos(1.2*k) + net;
    end
    % 第二步：对粒子集合中的每个粒子，计算其重要性权值
    for i=1:numSamples
        Zpre_pf(i,k)=Xparticles(i,k)^2/20;
        weight(i,k)=exp(-.5*R^(-1)*(Z(k,1)- Zpre_pf(i,k))^2);%省略了常数项
    end
    weight(:,k)=weight(:,k)./sum(weight(:,k));%归一化权值
    % 第三步：根据权值大小对粒子集合重采样，权值集合和粒子集合是一一对应的
    % 选择采样策略
    if ResampleStrategy==1
        outIndex = randomR(weight(:,k)); % 请参考6.4节，该函数的实现过程
    elseif ResampleStrategy==2
        outIndex = systematicR(weight(:,k)); % 请参考6.4节，该函数的实现过程
    elseif ResampleStrategy==3
        outIndex = multinomialR(weight(:,k)); % 请参考6.4节，该函数的实现过程
    elseif ResampleStrategy==4
        outIndex = residualR(weight(:,k)); % 请参考6.4节，该函数的实现过程
    end
    % 第四步：根据重采样得到的索引，去挑选对应的粒子，重构的集合便是滤波后的状态集合
    % 对这个状态集合求均值，就是最终的目标状态，见下文求均值部分
    Xpf(:,k)= Xparticles(outIndex,k);
```

```
end
% 计算后验均值估计、最大后验估计及估计方差：
Xmean_pf=mean(Xpf); % 后验均值估计，即上面的第四步，也即粒子滤波估计的最终状态
bins=20;
Xmap_pf=zeros(T,1);
for k=1:T
    [p,pos]=hist(Xpf(:,k,1),bins);
    map=find(p==max(p));
    Xmap_pf(k,1)=pos(map(1));% 最大后验估计
end
for k=1:T
    Xstd_pf(1,k)=std(Xpf(:,k)-X(k,1));%后验误差标准差估计
end
%%%%%%%%%%%%%%%%%%%%%%%%%%%%%%%%%%%%%%%%%%%%%%%%%%%%%%%%%%%%%%
% 画图
figure(1);clf;  % 过程噪声和测量噪声--图
subplot(221);
plot(v);    % 测量噪声
xlabel('时间');
ylabel('测量噪声','fontsize',15);
subplot(222);
plot(w);    % 过程噪声
xlabel('时间');
ylabel('过程噪声','fontsize',15);
subplot(223);
plot(X);    % 真实状态
xlabel('时间','fontsize',15);
ylabel('状态 X','fontsize',15);
subplot(224);
plot(Z);    % 传感器测量值，观测值
xlabel('时间','fontsize',15);
ylabel('观测 Z','fontsize',15);
%*****************************************************************
figure(2);clf; % 状态估计图（轨迹图）
k=1:dt:T;
plot(k,X,'b',k,Xmean_pf,'r',k,Xmap_pf,'g'); % 注：Xmean_pf 就是粒子滤波结果
legend('系统真实状态值','后验均值估计','最大后验概率估计');
xlabel('时间','fontsize',15);
ylabel('状态估计','fontsize',15);
%*****************************************************************
figure(3);
subplot(121);
plot(Xmean_pf,X,'+'); % 粒子滤波估计值与真实状态值如成 1：1 关系，则会对称分布
xlabel('后验均值估计','fontsize',15);
ylabel('真值','fontsize',15)
hold on;
```

```
c=-25:1:25;
plot(c,c,'r');  % 画红色的对称线 y=x
axis([-25 25 -25 25]);
hold off;
subplot(122);   % 最大后验估计值与真实状态值如成 1：1 关系，则会对称分布
plot(Xmap_pf,X,'+')
ylabel('真值','fontsize',15)
xlabel('MAP 估计','fontsize',15)
hold on;
c=-25:1:25;
plot(c,c,'r');  % 画红色的对称线 y=x
axis([-25 25 -25 25]);
hold off;
%*********************************************************************
% 画直方图，此图形是为了看粒子集的后验密度
domain=zeros(numSamples,1);
range=zeros(numSamples,1);
bins=10;
support=[-20:1:20];
figure(4);hold on;% 直方图
xlabel('样本空间','fontsize',15);
ylabel('时间','fontsize',15);
zlabel('后验密度','fontsize',15);
vect=[0 1];
caxis(vect);
for k=1:T
    % 直方图反映滤波后的粒子集合的分布情况
    [range,domain]=hist(Xpf(:,k),support);
    % 调用 waterfall 函数，将直方图分布的数据画出来
    waterfall(domain,k,range);
end
axis([-20 20 0 T 0 100]);
%*********************************************************************
figure(5);
hold on; box on;
xlabel('样本空间','fontsize',15);
ylabel('后验密度','fontsize',15);% 后验密度，可理解为分布
k=30;    % k=? 表示要查看第几个时刻的粒子分布(密度)与真实状态值的重叠关系
[range,domain]=hist(Xpf(:,k),support);
plot(domain,range);
% 真实状态在样本空间中的位置，画一条红色直线表示
XXX=[X(k,1),X(k,1)];
YYY=[0,max(range)+10]
line(XXX,YYY,'Color','r');
axis([min(domain) max(domain) 0 max(range)+10]);
%*********************************************************************
```

```
figure(6);  %  估计方差图
k=1:dt:T;
plot(k,Xstd_pf,'-');
xlabel('时间（t/s）');ylabel('状态估计误差标准差');
axis([0,T,0,10]);
%%%%%%%%%%%%%%%%%%%%%%%%%%%%%%%%%%%%%%%%%%%%%%
% 函数功能：实现随机重采样算法
% 输入参数：weight 为原始数据对应的权重大小
% 输出参数：outIndex 是根据 weight 对 inIndex 筛选和复制结果
functionoutIndex = randomR(weight)
% 获得数据的长度
L=length(weight)
% 初始化输出索引向量，长度与输入索引向量相等
outIndex=zeros(1,L)

% 第一步：产生[0,1]上均匀分布的随机数组，并升序排列
u=unifrnd(0,1,1,L)
u=sort(u)
% u=(1:L)/L         % 这个是完全均匀
% 第二步：计算粒子权重累积函数 cdf
cdf=cumsum(weight)

% 第三步：核心计算
i=1;
for j=1:L
    % 此处的基本原理是：u 是均匀的，必然在权值大的地方
    % 有更多的随机数落入该区间，因此会被多次复制
    while (i<=L) & (u(i)<=cdf(j))
        % 复制权值大的粒子
        outIndex(i)=j;
        % 继续考察下一个随机数，看它落在哪个区间
        i=i+1;
    end
end
%%%%%%%%%%%%%%%%%%%%%%%%%%%%%%%%%%%%%%%%%%%%%%%%%%%%%
```

5.6.3 数据分析

1．数据分析及说明

仿真过程采用自举滤波（即 SIR 算法），每一步迭代都进行重新抽样，根据 ResampleStrategy 参数设置 1～4 之间的整数，分别可以选用随机重采样、系统重采样、残差重采样及多项式重采样策略。在上面的程序中，只给出了随机重采样，其他三种采样策略程序完全一样，调用时直接复制过来则可。第 5.6.2 节采用了多种数据分析方法，下面一一介绍。

(1) 状态曲线图。

将状态绘制成曲线,能够从宏观上掌握滤波效果,这时往往将滤波器估计的状态和系统真实状态同时展现在图中,以便对比。第5.6.2节滤波器估计输出采用了最大后验概率(MAP)和后验均值两种方式,取不同的 Q、R 值得到图 5-12 所示的结果。宏观上看无论是 MAP 还是后验均值,滤波估计的状态基本跟随真实状态。

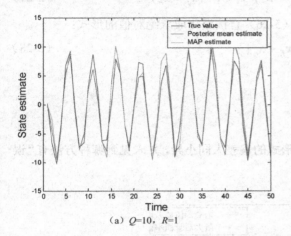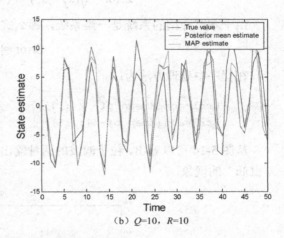

(a) $Q=10$,$R=1$　　　　　　　　　(b) $Q=10$,$R=10$

图 5-12　非线性条件下基于粒子滤波的仿真曲线

(2) 直线散点图。

将滤波器估计的结果 $X_{\text{filter}} = [x_f^1, x_f^2, \cdots, x_f^n]$ 与系统真实状态 $X_{\text{real}} = [x_r^1, x_r^2, \cdots, x_r^n]$ 中各维信息按照 $(x_f^1, x_r^1), (x_f^2, x_r^2), \cdots, (x_f^n, x_r^n)$ 的形式展现在坐标轴上,如果各数据点紧密贴 $y=x$ 这条直线上,那么滤波效果是最理想的。

图 5-13 是滤波器估计状态与真实状态的绘制结果,在该方法中将滤波状态作为 x 轴,将系统真实状态作为 y 轴,通过 plot(Xmean_pf,X,'+')这条语句画点,粒子滤波结果与状态的真实值成 1:1 关系,则会对称分布在 $y=x$ 这条直线两边。从图中结果可以看出,无论是后验均值估计,还是最大后验概率估计,都比较好地沿直线分布。

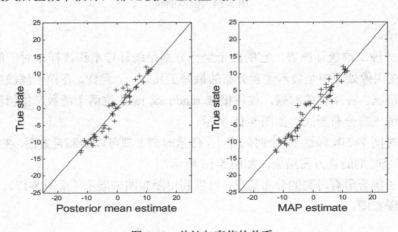

图 5-13　估计与真值的关系

（3）偏差图。

偏差图是最常见的一种衡量估计效果的方法，它将滤波器估计的状态与系统目标的真实状态做欧式距离，得到量化的偏差结果。假定滤波器估计的状态值为 $X_{\text{filter}} = [x_f^1, x_f^2, \cdots, x_f^n]$，而目标的真实状态为 $X_{\text{real}} = [x_r^1, x_r^2, \cdots, x_r^n]$，那么衡量跟踪误差的方法为：

$$\text{Error} = \sqrt{(x_f^1 - x_r^1)^2 + (x_f^2 - x_r^2)^2 + \cdots + (x_f^n - x_r^n)^2} \tag{5-27}$$

由于本节介绍的系统是一维系统，那么式（5-26）直接退化成求绝对值的形式：

$$\text{Error} = |x_f - x_r| \tag{5-28}$$

在程序中处理方法为：

```
Err1=abs(Xmean_pf'-X(:,1));
Err2=abs(Xmap_pf-X(:,1));
```

从图 5-14 可以看出，粒子滤波的两种输出形式的偏差大同小异，并未见到哪种方法有"误差很低"的现象。

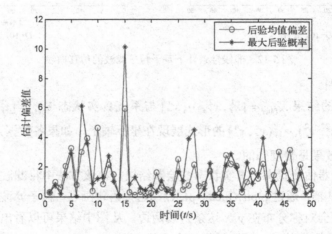

图 5-14　偏差曲线

（4）直方图。

直方图是一种二维统计图表，它的两个坐标分别是统计样本和该样本对应的某个属性的度量。直方图在图像处理中是展示像素分布的最好工具之一，同样，在粒子滤波中可以展示粒子集合的分布情况。在采样的时候，往往根据 randn 或 rand 这两个函数产生新粒子，因此粒子分布总是呈现正态分布形式，如图 5-15 所示。

本节仿真时间 $T=50$，即这 50 个时间点上，任意时刻 k 都可以绘制直方图，在此给出 $k=10$，20，30，40 四个时刻的直方图结果，如图 5-16 所示。

要分析粒子集合所有时刻的分布情况，可以利用瀑布图来展示（见图 5-17）。在 MATLAB 中 waterfall 指瀑布图。

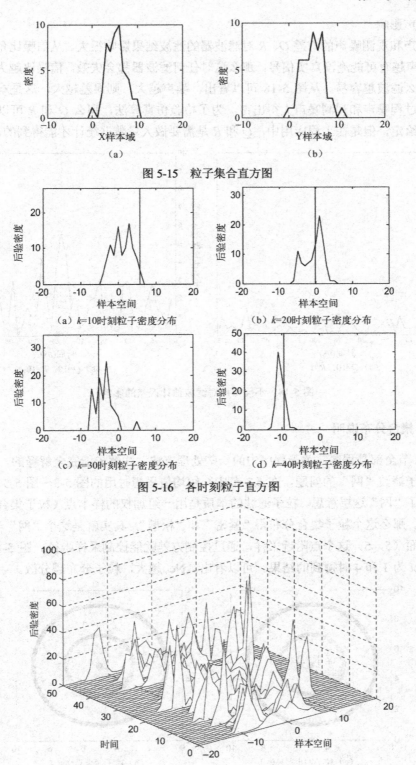

图 5-15　粒子集合直方图

(a) $k=10$ 时刻粒子密度分布

(b) $k=20$ 时刻粒子密度分布

(c) $k=30$ 时刻粒子密度分布

(d) $k=40$ 时刻粒子密度分布

图 5-16　各时刻粒子直方图

图 5-17　瀑布图

（5）噪声影响。

过程噪声和观测噪声的方差 Q、R 对滤波器的滤波结果影响很大。从信噪比角度说，信噪比越小，噪声越有可能淹没真实信号，那么这时任何滤波器都会失效。信噪比越大，也就是噪声很小，那么滤波越容易。从图 5-18 可以看出，噪声越大，则误差越大，这是难以避免的。本系统中的过程噪声和观测噪声大得出奇，为了检验仿真算法，那么 Q 和 R 可以根据信噪比这个参数来给定，但是在工程应用中，Q 和 R 是需要做大量数据统计才能得到的。

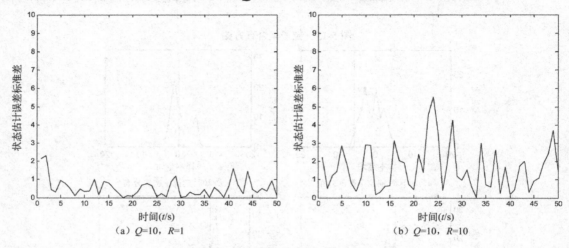

图 5-18 不同噪声对滤波估计误差的影响

2. 粒子集合分布说明

第 5.6.2 节全部是程序，关于程序中的一些处理方法，注解未能完全解释的，在此做进一步说明。粒子滤波"网"的问题，在 5.3 节中介绍均值思想时用的图 5-3~图 5-5 这 3 张图其实已经隐含了"网"这层意思。粒子滤波的本质是用一组加权的样本点（粒子集合）来逼近后验估计问题。那么这个粒子集合分布得"紧密"和"松散"，其实就是这个"网"半径的体现。例如，在平面（5，5）这个点附近采样，通过控制方差就能控制采样半径。图 5-19 就是通过设置参数 Net 为 1 和 4 时得到的结果。可以看出：Net 越大，粒子分布越分散。

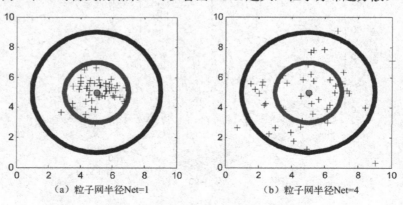

图 5-19 网半径对粒子分布的影响

对上面的说明写一个简单的仿真实例,程序代码如下。

```matlab
%%%%%%%%%%%%%%%%%%%%%%%%%%%%%%%%%%%%%%%%%%%%%%%%%%%%%
% 粒子集合半径问题
functionNetMain
% 以平面中某个点,例如(5,5)为中心,画一个大圆和一个小圆
x0=5;
y0=5;
r1=2;
r2=4;
Net=4;    % 粒子集合的采样半径
N=50;     % 粒子数
for i=1:N
    X(i)=x0+sqrt(Net)*randn;
    Y(i)=y0+sqrt(Net)*randn;
end
% 画图
figure
holdon;box on;
% 画采样点
plot(X,Y,'k+');
% 画圆心
plot(x0,y0,'ko','MarkerFaceColor','g')
% 画大小两个圆
sita=0:pi/20:2*pi;
plot(x0+r1*cos(sita),y0+r1*sin(sita),'Color','r','LineWidth',5);  %小圆
plot(x0+r2*cos(sita),y0+r2*sin(sita),'Color','b','LineWidth',5);  %大圆
axis([0,10,0,10]);
% 画直方图
figure
support=-10:1:20
[range,domain]=hist(X,support);   % X 轴的粒子分布情况
subplot(121)
plot(domain,range,'r-');
xlabel('X 样本域')
ylabel('密度')
subplot(122)
[range,domain]=hist(Y,support);   % Y 轴的粒子分布情况
plot(domain,range,'b-');
xlabel('Y 样本域')
ylabel('密度')
%%%%%%%%%%%%%%%%%%%%%%%%%%%%%%%%%%%%%%%%%%%%%%%%%%%%%
```

5.7 小结

本章介绍了粒子滤波的核心原理和实现过程，参考文献[1]～[5]为四种采样算法的原理介绍，参考文献 7 为粒子滤波原理的核心介绍。其中参考文献[7]为三位分别来自 Oregon Graduate Institute、Cambridge University 和 UC Berkeley 三所名校的关于粒子滤波算法的大师写的文献，推荐精读参考文献。

5.8 参考文献

[1] J.Carpenter, P.Clifford, andP. Fearnhead. An improved particle filter for non-linear problems. IEEProc.Radar Sonar Navigation.1999.146:2-7.

[2] Gordon N, SalmondD.Novel Approach to Non-lineal and Non-Guassian Bayesian State Estimations[J].Proc of Institute Electric Engineering, 1993,140(2):107-113.

[3] Doucet，S. Godsill, andC.Andrieu. On sequential Monte Carlo Sampling methods for Bayesian filtering. Statistics and Computing.2000,10(3):197-208.

[4] Liu J S, ChenR.Sequential Monte-Carlo Methods for Dynamic Systems[J]. J of the American Statistical Association. 1998,93(443):1032-1044.

[5] 王来雄，陈养平. 粒子滤波硬件实现的快速残差再采样策略[J]. 信号处理，2007，30（1）：97-100.

[6] N.J.Gordon, D.J.Salmond, A.F.M.Smith. Novelapproach to nonlinear/non-Gaussian Bayesian state estimation[J]. IEE PROCEEDINGS-F, Vol.140(2), April, 1993.

[7] Rudolp van der Merwe*, Arnaud Doucet, Nando de Freitas, Eric Wan. The unscented Particle Filter. 2000, August 16.

第6章 改进粒子滤波算法

本章主要介绍粒子滤波的改进算法，主要原因是粒子滤波也存在各种问题，其在状态估计过程中并不是一帆风顺的，考虑到其中的粒子集合退化现象，建议密度不能很好地指导粒子分布，粒子数目等都会影响粒子滤波的最终效果。

6.1 基本粒子滤波存在的问题

基本粒子滤波算法中普遍存在的问题是退化现象，这是因为粒子权值的方差会随着时间迭代而不断增加。退化现象是不可避免的，经过若干次迭代，除了少数粒子外，其他粒子的权值小到可以忽略不计的程度。退化意味着如果继续迭代运算下去，那么大量的计算资源就会消耗在处理那些微不足道的粒子上，不仅造成资源的浪费，也影响了最终的估计结果。为了减小退化现象的影响，可以采取以下三种措施。

1. 增加粒子数

增加粒子数也叫增加采样点，粒子数目多，自然能全面反映粒子多样性，能延缓退化。换句话说，粒子数目增多了，要退化都比较难。但是粒子数目的增多必然增加算法的运行时间，在实时性要求较高的应用领域是不可取的。因此，这并不是一个聪明的做法。

2. 重采样技术

重采样的本质是增加粒子的多样性。SIR 粒子滤波在这点上做得比 SIS 粒子滤波成功。引入重采样机制，基本上避免了粒子丧失多样性的可能。目前重采样算法有很多，除了第5章介绍的4种之外，目前最新的论文中也有各种改进的重采样算法。问题是重采样时需要借助建议密度分布，两者是缺一不可的。否则没有目的，盲目地重采样也是解决不了问题的。因此重采样技术和选择合理的建议密度是同时采用的。

3. 选择合理的建议密度

基本粒子滤波的前提假设：重要性重采样能够从一个合理的后验建议密度分布中采样得到一组样本点集合，而且这组样本点集合能很好地"覆盖"真实状态。如果这些假设条件不能满足，粒子滤波算法的效果就要下降了；因此，如果能找到一个最优的建议密度分布函数，引导重采样做正确的采样分布，那么就能保证样本集合的有效性，也就保证了滤波的最终质量。

以上三种改善粒子滤波的途径中，增加粒子数以量取胜，重采样和建议密度函数以质取胜。如果能找到最优的建议密度分布函数，显然它是最聪明的做法。打个比方，建议密度分布是能接近真实的分布的"藏宝图",而粒子数目是挖掘"宝贝"的人工数,显然,在有"藏宝图"的情况下,只要少数人工即可;而在没有"藏宝图"情况下只能用人海战术了。

6.2 建议密度函数

我们需要做的工作是找到一个最优的建议密度分布函数,该最优的建议分布能帮助我们将落在先验分布区域中的样本点转移到最大似然区域中去,如图6-1所示。重要性采样其实在很大程度上依赖于后验分布与建议分布之间的距离,如果它们似然函数的峰值与先验分布的峰值重合,且似然函数的宽窄与先验分布的峰值宽度基本吻合,即达到最大的重合度,那么这是最理想的状态;如果情况相反,似然函数远离先验分布的峰值,它们之间的重合度非常小,那么就需要将粒子集合中的样本转移到似然函数覆盖的区域中去。这个工作就是构建建议密度函数的问题。

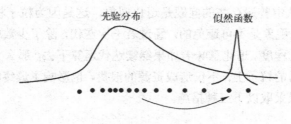

图 6-1 样本集转移

Gordon 等人于 1993 年提出了一种产生高度符合似然分布的粒子集方法。在基本粒子滤波中的预测阶段,计算粒子 X_k^i 的预测值 $Z_{\text{pre}}^i(k)$,我们在计算权重时用公式 $dz_i = |Z_{\text{pre}}^i(k) - Z_g(k)|$,如果 $dz_i > K\sqrt{R}$,就拒绝该粒子。此处 R 是测量噪声的方差,K 是一个调节似然关系的常数系数,如果 K 过大可能导致整个粒子集合的粒子全部被拒绝;如果过小,就达不到淘汰某些粒子的作用,因此需要合理地选择 K。

如果似然函数是有界的,即 $p(Z_k|X_k) < M_k$,这时可以用接受或拒绝粒子的方法从最优建议密度分布中 $p(X_k|X_{k-1}, Z_k)$ 采样。

(1) 首先,根据先验分布 $\hat{X} \sim p(X_k|X_{k-1})$ 及统一的方差 $u \sim U_{[0,1]}$ 获取一个样本 X_k^i。

(2) 接着,判断该样本是否可用。如果 $u \leq p(Z_k|\hat{X}_k)/M_k$,则上面的样本是被接受的,否则拒绝,并再次用上面的方法重新产生一个样本,如此不断循环,直到粒子集合的 N 个样本全部凑齐。问题来了,计算开销太大了,在高维系统中应用尤其忌讳。

下面介绍两种从建议密度函数的角度来改进粒子滤波算法的方法,分别用扩展卡尔曼 EKF 和无迹卡尔曼 UKF 来做建议密度函数,从而改进算法性能。

6.3 EPF 算法

局部线性化是一种比较好的产生建议分布的办法,扩展卡尔曼滤波[1](Extended Kalman

Filter，EKF）就是一种局部线性化的方法，它通过一阶 Taylor 展开式实现。它是一种递归的最小均方误差（Minimum Mean Square Error，MMSE）估计方法，要求系统是近似高斯后验分布模型。

用 EKF 改进粒子滤波算法的核心在于：在采样阶段，可以利用 EKF 算法为每个粒子计算其均值和协方差，然后利用该均值和方差"指导"采样。因为用 EKF 算法计算均值和方差的过程中，利用了近似后验滤波密度的函数，换句话说，它已经"吸纳"了最新的观测信息 Z_k：

$$p(X_k | Z_{1:k}) \approx p_N(X_k | Z_{1:k}) = N(X_k, \hat{P}_k)$$

在粒子滤波算法框架（第 5.5.5 节粒子滤波算法流程）下，EKF 算法主要用于为每个粒子产生符合高斯建议密度分布，即：

$$q(X_k^{(i)} | X_{0:k-1}^{(i)}, Z_{1:k}) \doteq N(X_k^{(i)}, \hat{P}_k^{(i)})$$

也就是说，在 $k-1$ 时刻利用 EKF 算法，以及最新的观测信息 Z_k 来计算第 i 个粒子的均值和方差，并利用该均值和方差来采样并更新该粒子。这个过程需要我们重新给定 EKF 的过程噪声和测量噪声的协方差，此处可以参考 6.5 节的 MATLAB 程序理解。

将上面的这种改进算法称为扩展卡尔曼粒子滤波（The Extended KalmanParticle Filter，EPF）。

EPF 算法流程如下。

（1）初始化，t=0
- For i=1：N，从先验分布 $p(X_0)$ 中抽取初始化状态 $X_0^{(i)}$。

（2）For t=1：T
  （a）重要性采样阶段
  - For i=1：N
    — 计算状态转移矩阵的 Jacobians $F_k^{(i)}$、噪声驱动矩阵 $G_k^{(i)}$、观测矩阵 $H_k^{(i)}$ 和观测噪声驱动矩阵 $U_k^{(i)}$。
    — 用 EKF 算法更新粒子集合：

$$\bar{X}_{k,pre}^{(i)} = f(X_{k-1}^{(i)})$$

$$P_{k,pre}^{(i)} = F_k^{(i)} P_{k-1}^{(i)} F_k^{T(i)} + G_k^{(i)} Q_k G_k^{T(i)}$$

$$K_k = P_{k,pre}^{(i)} H_k^{T(i)} [U_k^{(i)} R_k U_k^{T(i)} + H_k^{(i)} P_{k,pre}^{(i)} H_k^{T(i)}]^{-1}$$

$$\bar{X}_k^{(i)} = \bar{X}_{k,pre}^{(i)} + K_k (Z_k - h(X_{k,pre}^{(i)}))$$

$$\hat{P}_k^{(i)} = P_{k,pre}^{(i)} - K_k H_k^{(i)} P_{k,pre}^{(i)}$$

此处的核心是计算得到样本均值 $X_k^{(i)}$ 和协方差 $\hat{P}_k^{(i)}$。
    — 第 i 个粒子更新。

$$\hat{X}_k^{(i)} \sim q(X_k^{(i)} | X_{0:k-1}^{(i)}, Z_{1:k}) = N(\bar{X}_k^{(i)}, \hat{P}_k^{(i)})$$

$$\hat{X}_{0:k}^{(i)} \triangleq (X_{0:k-1}^{(i)}, \hat{X}_k^{(i)})$$

$$\hat{P}_{0:k}^{(i)} \triangleq (P_{0:k-1}^{(i)}, \hat{P}_k^{(i)})$$

- For i=1：N，为每个粒子重新计算权重。

$$w_k^{(i)} \propto \frac{p(Z_k | \hat{X}_k^{(i)}) p(\hat{X}_k^{(i)} | X_{k-1}^{(i)})}{q(\hat{X}_k^{(i)} | X_{0:k-1}^{(i)}, Z_{1:k})}$$

- For i=1：N，归一化权重。

（b）选择阶段（重采样）。

- 利用重采样算法，根据归一化权值 $\tilde{w}_k(X_{0:k}^{(i)})$ 大小，对粒子集合 $\hat{X}_{0:k}^{(i)}$ 进行复制和淘汰。

- For i=1：N，重新设置权重 $w_k^{(i)} = \tilde{w}_k^{(i)} = \frac{1}{N}$。

（c）输出。

与基本粒子滤波一样，在此处计算粒子集合的均值即可。

这种方法的本质是改善了建议密度分布问题，将先验分布的粒子集合转移到似然区域，其代价在于对系统做了高斯假设。我们知道，基本粒子滤波是不受线性高斯模型约束的，那么EPF 受到了高斯模型的约束。这也是算法的不足之处。另外，EKF 是一阶线性化的递归 MMSE 估计，其本身也存在线性化带来的误差问题。

6.4 UPF 算法

无迹卡尔曼滤波[1]（The Unscented Kalman Filter，UKF）也是一种递归的最小均方误差估计。利用 UKF 来改进粒子滤波的算法称为无迹卡尔曼粒子滤波（The Unscented Kalman Particle Filter，UPF）。

与 EKF 算法一样，在计算均值和方差上，它利用了最新的观测信息 Z_k，但它在计算均值和方差上能获得比 EKF 算法更高的精度。因为 EKF 只对系统做一阶 Taylor 展开，而 UKF 利用无迹变换算法，理论上能计算后验方差的精度到三阶。关于无迹粒子滤波算法的具体执行，请参考作者的另一本书《卡尔曼滤波原理及应用》，在这里就不再展开论述了。

在基本粒子滤波算法框架下，UPF 算法流程如下。

（1）初始化，k=0

- For i=1：N，从先验分布 $p(X_0)$ 中抽取初始化状态 $X_0^{(i)}$。

$$X_0^{(i)} = E[X_0^{(i)}]$$

$$P_0^{(i)} = E[(X_0^{(i)} - \bar{X}_0^{(i)})(X_0^{(i)} - \bar{X}_0^{(i)})^T]$$

$$\bar{X}_0^{(i)a} = E[\bar{X}_0^{(i)a}] = [(\bar{X}_0^{(i)})^T \quad 0 \quad 0]^T$$

$$P_0^{(i)a} = E[(X_0^{(i)a} - \bar{X}_0^{(i)a})(X_0^{(i)a} - \bar{X}_0^{(i)a})^T]$$

$$= \begin{bmatrix} P_0^{(i)} & 0 & 0 \\ 0 & Q & 0 \\ 0 & 0 & R \end{bmatrix}$$

（2）For k=1：T

　　（a）重要性采样阶段。

　　　● For i=1：N

　　　　— 用 UKF 算法计算均值和方差。

　　　　　* 计算 Sigma 点集合。

$$X_{k-1}^{(i)a} = \begin{bmatrix} \bar{X}_{k-1}^{(i)a} & \bar{X}_{k-1}^{(i)a} \pm \sqrt{(n_a + \lambda)P_{k-1}^{(i)a}} \end{bmatrix}$$

　　　　　* 对 Sigma 点集做一步预测。

$$\bar{X}_{k|k-1}^{(i)a} = f(X_{k-1}^{(i)x}, X_{k-1}^{(i)v})$$

$$\bar{X}_{k|k-1}^{(i)} = \sum_{j=0}^{2n_a} W_j^{(m)} X_{j,k|k-1}^{(i)x}$$

$$P_{k|k-1}^{(i)} = \sum_{j=0}^{2n_a} W_j^{(c)} \left[X_{j,k|k-1}^{(i)x} - \bar{X}_{k|k-1}^{(i)} \right] \left[X_{j,k|k-1}^{(i)x} - \bar{X}_{k|k-1}^{(i)} \right]^T$$

$$Z_{k|k-1}^{(i)} = h(X_{k|k-1}^{(i)x}, X_{k-1}^{(i)n})$$

$$\bar{Z}_{k|k-1}^{(i)} = \sum_{j=0}^{2n_a} W_j^{(c)} Z_{j,k|k-1}^{(i)}$$

　　　　　* 融入最新的观测，并更新。

$$P_{\tilde{Z}_k,\tilde{Z}_k} = \sum_{j=0}^{2n_a} W_j^{(c)} [Z_{j,k|k-1}^{(i)} - \bar{Z}_{k|k-1}^{(i)}][Z_{j,k|k-1}^{(i)} - \bar{Z}_{k|k-1}^{(i)}]^T$$

$$P_{X_k,Z_k} = \sum_{j=0}^{2n_a} W_j^{(c)} [X_{j,k|k-1}^{(i)} - \bar{X}_{k|k-1}^{(i)}][X_{j,k|k-1}^{(i)} - \bar{X}_{k|k-1}^{(i)}]^T$$

$$K_k = P_{\tilde{Z}_k,\tilde{Z}_k} P_{X_k,Z_k}$$

$$\bar{X}_k^{(i)} = \bar{X}_{k|k-1}^{(i)} + K_k(Z_k - \bar{Z}_{k|k-1}^{(i)})$$

$$\hat{P}_k^{(i)} = P_{k-|k-1}^{(i)} - K_k P_{\tilde{Z}_k,\tilde{Z}_k} K_k^T$$

　　　　— 计算采样更新粒子。

$$\hat{X}_k^{(i)} \sim q\left(X_k^{(i)} \big| X_{0:k-1}^{(i)}, Z_{1:k}\right) = N(\bar{X}_k^{(i)}, \hat{P}_k^{(i)})$$

$$\hat{X}_{0:k}^{(i)} \triangleq (X_{0:k-1}^{(i)}, \hat{X}_k^{(i)})$$

$$\hat{P}_{0:k}^{(i)} \triangleq (P_{0:k-1}^{(i)}, \hat{P}_k^{(i)})$$

- For i=1：N，为每个粒子重新计算权重。

$$w_k^{(i)} \propto \frac{p(Z_k|\hat{X}_k^{(i)})p(\hat{X}_k^{(i)}|X_{k-1}^{(i)})}{q(\hat{X}_k^{(i)}|X_{0:k}^{(i)},Z_{1:k})}$$

- For i=1：N，归一化权重。

(b) 选择阶段（重采样）。

- 利用重采样算法，根据归一化权值 $\tilde{w}_k(X_{0:k}^{(i)})$ 大小，对粒子集合 $\hat{X}_{0:k}^{(i)}$ 进行复制和淘汰。
- For i=1：N，重新设置权重 $w_k^{(i)} = \tilde{w}_k^{(i)} = \frac{1}{N}$。

(c) 输出。

与基本粒子滤波一样，在此处计算粒子集合的均值即可。

end

无迹粒子滤波算法是目前粒子滤波改进算法中较为经典的算法，其精度优势使其在各领域中广泛应用。但是，与 EPF 算法一样，无迹卡尔曼滤波对系统做了高斯假设，导致 UPF 算法也受高斯模型约束。

6.5 PF、EPF、UPF 综合仿真对比

现在选用一维系统来仿真扩展卡尔曼滤波 EKF、无迹卡尔曼滤波 UKF、基本粒子滤波 PF、改进粒子滤波 EPF 及无迹粒子滤波 UPF，综合比较它们在状态估计精度、实时性等方面的综合指标。

通用非线性一维系统的状态为 $X(k)=[x(k)]$，状态方程为：

$$x(k) = 1 + \sin(0.04\pi k) + 0.5x(k-1) + w(k)$$

观测量为 $Z(k)=[z(k)]$，对应的观测方程为：

$$z(k) = \begin{cases} 0.2x^2(k) + v(k), k \leqslant 30 \\ -2 + 0.5x + v(k), k > 30 \end{cases}$$

式中，w 为符合伽马分布的过程噪声，v 为符合高斯分布的均值为 0、方差为 R 的高斯分布。且设状态的初值 $x(0)=1$，EKF 和 UKF 的协方差 $P(0)=0.75$，仿真时间 $T=50$，其他设置见 main.m 中的代码。

仿真得到系统的状态图如图 6-2 所示。从状态图中可以看出，五种算法都比较好地跟随了系统的真实状态。

参照公式（5-26），五种滤波算法估计得到的状态与真实状态之间做欧式距离，得到的状态偏差图如图 6-3 所示。从图中能明显看出 UPF 算法的误差一直处于比较低的水平，其他算

法误差起伏比较大。

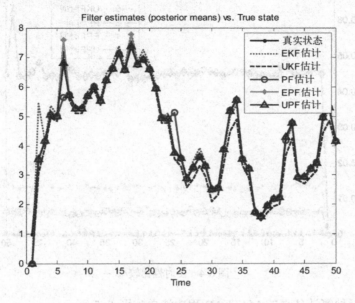

图 6-2 系统状态图

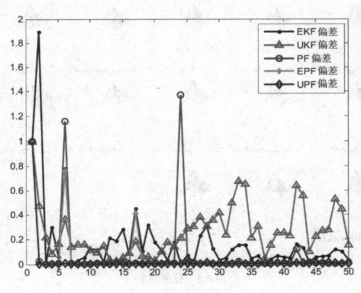

图 6-3 状态偏差图

计算时间能够反映出算法的开销问题，在实时性要求比较高的应用领域，对该指标尤为关注。不同计算机可能得到不同的计算时间，但是五种算法的计算时间消耗一定是图 6-4 中的排序，即在一个迭代周期 k 中，UPF 计算时间最长，其次是 EPF，第三是基本粒子滤波算法 PF，第四是 UKF，而 EKF 算法的时间消耗是最短的。

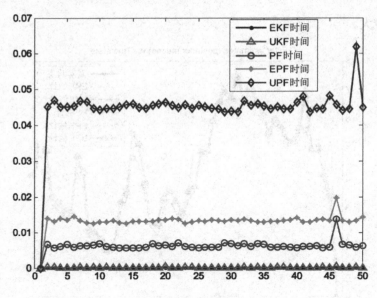

图 6-4 实时性比较

本实例中，五种算法仿真的 MATLAB 程序清单如图 6-5 所示。

图 6-5 程序清单

1. main.m

```
%%%%%%%%%%%%%%%%%%%%%%%%%%%%%%%%%%%%%%%%%%%%%%%%%%%%%%%%%
% 功能说明：ekf,ukf,pf,epf,upf 算法的综合比较程序
function main
%%%%%%%%%%%%%%%%%%%%%%%%%%%%%%%%%%%%%%%%%%%%%%%%%%%%%%%%%
% 因为本程序涉及太多的随机数，下面让随机数每次都变化
```

```matlab
%rand('state',sum(100*clock));
%randn('state',sum(100*clock));

% 因为本程序涉及太多的随机数,下面让随机数每次都不变
rand('seed',3);
randn('seed',6);

% 仿真时间步数
T = 50;
R =  1e-5;                    % 测量噪声
                              % 产生均值为g1/g2,方差为g1/(g2*g2)
g1 = 3;                       % Gamma 分布参数,用于产生过程噪声
g2 = 2;                       % Gamma 分布参数,用于产生过程噪声

% 系统初始化
X = zeros(1,T);
Z = zeros(1,T);
processNoise = zeros(T,1);
measureNoise = zeros(T,1);
X(1) = 1;                     % 状态初值
%--------------------------------------------------------------
P0 = 3/4;
% EKF 滤波算法
Qekf=10*3/4;                  % EKF 过程噪声方差
Rekf=1e-1;                    % EKF 过程噪声方差
Xekf=zeros(1,T);              % 滤波状态
Pekf=P0*ones(1,T);            % 协方差
Tekf=zeros(1,T);              % 用于记录一个采样周期的算法时间消耗

% UKF 滤波算法
Qukf=2*3/4;                   % UKF 过程噪声方差
Rukf=1e-1;                    % UKF 过程噪声方差
Xukf=zeros(1,T);              % 滤波状态
Pukf=P0*ones(1,T);            % 协方差
Tukf=zeros(1,T);              % 用于记录一个采样周期的算法时间消耗

% 基本粒子滤波器设置
N=200;                        % 粒子数
Xpf=zeros(1,T);               % 滤波状态
Xpfset=ones(T,N);             % 粒子集合初始化
Tpf=zeros(1,T);               % 用于记录一个采样周期的算法时间消耗

% EPF 滤波器设置
Xepf=zeros(1,T);              % 滤波状态
Xepfset=ones(T,N);            % 粒子集合初始化
Pepf = P0*ones(T,N);          % 各个粒子的协方差
```

```matlab
    Tepf=zeros(1,T);                % 用于记录一个采样周期的算法时间消耗

    % UPF 滤波器设置
    Xupf=zeros(1,T);                % 滤波状态
    Xupfset=ones(T,N);              % 粒子集合初始化
    Pupf = P0*ones(T,N);            % 各个粒子的协方差
    Tupf=zeros(1,T);                % 用于记录一个采样周期的算法时间消耗
%--------------------------------------------------------------
% 以下是模拟系统运行
for t=2:T
processNoise(t) = gengamma(g1,g2); % 产生过程噪声
measureNoise(t) = sqrt(R)*randn;   % 产生观测噪声
    % 模拟系统状态运行一步
    X(t) = feval('ffun',X(t-1),t) +processNoise(t);
    % 模拟传感器对系统观测（测量）一次
    Z(t) = feval('hfun',X(t),t) + measureNoise(t);

    % 调用 EKF 算法
    tic
    [Xekf(t),Pekf(t)]=ekf(Xekf(t-1),Z(t),Pekf(t-1),t,Qekf,Rekf);
    Tekf(t)=toc;

    % 调用 UKF 算法
    tic
    [Xukf(t),Pukf(t)]=ukf(Xukf(t-1),Z(t),Pukf(t-1),Qukf,Rukf,t);
    Tukf(t)=toc;

    % 调用粒子滤波算法
    tic
    [Xpf(t),Xpfset(t,:)]=pf(Xpfset(t-1,:),Z(t),N,t,R,g1,g2);
    Tpf(t)=toc;

    % 调用 EPF 算
    tic
    [Xepf(t),Xepfset(t,:),Pepf(t,:)]=epf(Xepfset(t-1,:),Z(t),t,Pepf
(t-1,:),N,R,Qekf,Rekf,g1,g2);
    Tepf(t)=toc;

    % 调用 UPF 算法
    tic
    [Xupf(t),Xupfset(t,:),Pupf(t,:)]=upf(Xupfset(t-1,:),Z(t),t,Pupf
(t-1,:),N,R,Qukf,Rukf,g1,g2);
    Tupf(t)=toc;
end;
%--------------------------------------------------------------
% 数据分析
```

```matlab
% 偏差比较
ErrorEkf=abs(Xekf-X);   % ekf算法估计得到的状态与真实状态之间的偏差
ErrorUkf=abs(Xukf-X);   % ukf算法估计得到的状态与真实状态之间的偏差
ErrorPf=abs(Xpf-X);     % pf算法估计得到的状态与真实状态之间的偏差
ErrorEpf=abs(Xepf-X);   % ekf算法估计得到的状态与真实状态之间的偏差
ErrorUpf=abs(Xupf-X);   % upf算法估计得到的状态与真实状态之间的偏差
%%%%%%%%%%%%%%%%%%%%%%%%%%%%%%%%%%%%%%%%%%%%%%%%%%%%%%
% 画图
figure
holdon;box on;
p1=plot(1:T,X,'-k.','lineWidth',2);
p2=plot(1:T,Xekf,'m:','lineWidth',2);
p3=plot(1:T,Xukf,'--','lineWidth',2);
p4=plot(1:T,Xpf,'-ro','lineWidth',2);
p5=plot(1:T,Xepf,'-g*','lineWidth',2);
p6=plot(1:T,Xupf,'-b^','lineWidth',2);
legend([p1,p2,p3,p4,p5,p6],'真实状态','EKF估计','UKF估计','PF估计','EPF估计','UPF估计')
xlabel('Time','fontsize',10)
title('Filter estimates (posterior means) vs. True state','fontsize',10)

% 偏差比较图
figure
holdon;box on;
p1=plot(1:T,ErrorEkf,'-k.','lineWidth',2);
p2=plot(1:T,ErrorUkf,'-m^','lineWidth',2);
p3=plot(1:T,ErrorPf,'-ro','lineWidth',2);
p4=plot(1:T,ErrorEpf,'-g*','lineWidth',2);
p5=plot(1:T,ErrorUpf,'-bd','lineWidth',2);
legend([p1,p2,p3,p4,p5],'EKF偏差','UKF偏差','PF偏差','EPF偏差','UPF偏差')

% 算法实时性比较图
figure
holdon;box on;
p1=plot(1:T,Tekf,'-k.','lineWidth',2);
p2=plot(1:T,Tukf,'-m^','lineWidth',2);
p3=plot(1:T,Tpf,'-ro','lineWidth',2);
p4=plot(1:T,Tepf,'-g*','lineWidth',2);
p5=plot(1:T,Tupf,'-bd','lineWidth',2);
legend([p1,p2,p3,p4,p5],'EKF时间','UKF时间','PF时间','EPF时间','UPF时间')
%%%%%%%%%%%%%%%%%%%%%%%%%%%%%%%%%%%%%%%%%%%%%%%%%%%%%%
```

2. ekf.m

```matlab
%%%%%%%%%%%%%%%%%%%%%%%%%%%%%%%%%%%%%%%%%%%% 扩展卡尔曼滤波算法
function [Xekf,Pout]=ekf(Xin,Z,Pin,t,Qekf,Rekf)
```

```matlab
%%%%%%%%%%%%%%%%%%%%%%%%%%%%%%%%%%%%%%%%%%%%%%%%%%%%%%%%
% 对粒子的一步预测
Xpre=feval('ffun',Xin,t);
% 在用 EKF 时需要计算状态的雅可比矩阵，此处一维，算是非常简单的
Jx=0.5;
% 方差预测
Pekfpre = Qekf + Jx*Pin*Jx';
% 观测预测
Zekfpre= feval('hfun',Xpre,t);
% 计算观测的雅可比矩阵
if t<=30
    Jy = 2*0.2*Xpre;
else
    Jy = 0.5;
end
% EKF 方差更新
M = Rekf + Jy*Pekfpre*Jy';
% 计算 Kalman 增益
K = Pekfpre*Jy'*inv(M);
% EKF 状态更新
% 好了，这里就是 EKF 建议分布的均值，用它就可以指导粒子分布
Xekf=Xpre+K*(Z-Zekfpre);
% EKF 方差更新，
% 好了，这里就是 EKF 建议分布的方差，用它可以指导粒子网的"半径"
Pout = Pekfpre - K*Jy*Pekfpre;
%%%%%%%%%%%%%%%%%%%%%%%%%%%%%%%%%%%%%%%%%%%%%%%%%%%%%%%%
```

3. ukf.m

```matlab
%%%%%%%%%%%%%%%%%%%%%%%%%%%%%%%%%%%%%%%%%%%%%%%%%%%%%%%%
% 无迹卡尔曼滤波算法
function [Xout,Pout]=ukf(Xin,Z,Pin,Qukf,Rukf,t)
%%%%%%%%%%%%%%%%%%%%%%%%%%%%%%%%%%%%%%%%%%%%%%%%%%%%%%%%
% 无迹变换的参数
alpha = 1;
beta  = 0;
kappa = 2;

states       = size(Xin(:),1);
observations = size(Z(:),1);
vNoise       = size(Qukf,2);
wNoise       = size(Rukf,2);
noises       = vNoise+wNoise;

% 用噪声向量对状态向量进行扩展
% 注意，此处简化为加性噪声模型，为的是节约计算开支
if (noises)
```

```
            N=[Qukf zeros(vNoise,wNoise); zeros(wNoise,vNoise) Rukf];
            PQ=[Pin zeros(states,noises);zeros(noises,states) N];
            xQ=[Xin;zeros(noises,1)];
        else
            PQ=Pin;
            xQ=Xin;
        end;

        % 通过 UT 变换，计算 sigma 点集和它们的权值，
        [xSigmaPts, wSigmaPts, nsp] = scaledSymmetricSigmaPoints(xQ, PQ, alpha, beta, kappa);

        % 为了加速运行（代码执行效率），将 wSigmaPts 复制到矩阵中
        wSigmaPts_xmat = repmat(wSigmaPts(:,2:nsp),states,1);
        wSigmaPts_zmat = repmat(wSigmaPts(:,2:nsp),observations,1);

        % 计算 sigma 点集预测值
        xPredSigmaPts = feval('ffun',xSigmaPts(1:states,:),t)+xSigmaPts(states+1:states+vNoise,:);
        zPredSigmaPts = feval('hfun',xPredSigmaPts,t)+xSigmaPts(states+vNoise+1:states+noises,:);

        % 计算均值的预测值
        xPred = sum(wSigmaPts_xmat .* (xPredSigmaPts(:,2:nsp) - repmat(xPredSigmaPts(:,1),1,nsp-1)),2);
        zPred = sum(wSigmaPts_zmat .* (zPredSigmaPts(:,2:nsp) - repmat(zPredSigmaPts(:,1),1,nsp-1)),2);
        xPred=xPred+xPredSigmaPts(:,1);
        zPred=zPred+zPredSigmaPts(:,1);

        % 计算方差和协方差，注意第一列的权值与均值的权是不一样的
        % 此处主要是做无迹变换的工作
        exSigmaPt = xPredSigmaPts(:,1)-xPred;
        ezSigmaPt = zPredSigmaPts(:,1)-zPred;

        PPred   = wSigmaPts(nsp+1)*exSigmaPt*exSigmaPt';
        PxzPred = wSigmaPts(nsp+1)*exSigmaPt*ezSigmaPt';
        S       = wSigmaPts(nsp+1)*ezSigmaPt*ezSigmaPt';

        exSigmaPt = xPredSigmaPts(:,2:nsp) - repmat(xPred,1,nsp-1);
        ezSigmaPt = zPredSigmaPts(:,2:nsp) - repmat(zPred,1,nsp-1);
        PPred     = PPred + (wSigmaPts_xmat .* exSigmaPt) * exSigmaPt';
        S         = S + (wSigmaPts_zmat .* ezSigmaPt) * ezSigmaPt';
        PxzPred   = PxzPred + exSigmaPt * (wSigmaPts_zmat .* ezSigmaPt)';

        % 计算卡尔曼增益
```

```matlab
    K =PxzPred / S;

    % 计算信息
    inovation = Z - zPred;

    % 对状态更新
    Xout = xPred + K*inovation;

    % 对方差更新
    Pout = PPred - K*S*K';
    %%%%%%%%%%%%%%%%%%%%%%%%%%%%%%%%%%%%%%%%%%%%%%%%%%%%%%%%%%%%%%%%%%%%%%
```

4. pf.m

```matlab
    %%%%%%%%%%%%%%%%%%%%%%%%%%%%%%%%%%%%%%%%%%%%%%%%%%%%%%%%%%%%%%%%%%%%%%
    % 基本粒子滤波算法
    function [Xo,Xoset]=pf(Xiset,Z,N,k,R,g1,g2)
    %%%%%%%%%%%%%%%%%%%%%%%%%%%%%%%%%%%%%%%%%%%%%%%%%%%%%%%%%%%%%%%%%%%%%%
    % 采样策略
    resamplingScheme=1;

    % 中间变量初始化
    Zpre=ones(1,N);         % 观测预测
    Xsetpre=ones(1,N);      % 粒子集合预测
    w = ones(1,N);          % 权值初始化

    % 第一步,粒子采样
    for i=1:N
        Xsetpre(i) = feval('ffun',Xiset(i),k) + gengamma(g1,g2);
    end;

    % 第二步:计算粒子权重
    for i=1:N,
        Zpre(i) = feval('hfun',Xsetpre(i),k);
        w(i) = inv(sqrt(R)) * exp(-0.5*inv(R)*((Z-Zpre(i))^(2))) ...
            + 1e-99; % 为了防止权值为0,加了最小数字1e-99
    end;
    w = w./sum(w);                  % Normalise the weights.

    % 第三步,根据权重重新选择粒子
    if resamplingScheme == 1
        outIndex = residualR(1:N,w');       % 残差采样
    elseif resamplingScheme == 2
        outIndex = systematicR(1:N,w');     % 系统采样
    else
        outIndex = multinomialR(1:N,w');    % 多项式采样
    end;
```

```matlab
    % 第四步:更新粒子集合,并得到本次计算的最终的估计值
    Xoset = Xsetpre(outIndex);    % 粒子集合更新
    Xo=mean(Xoset);
%%%%%%%%%%%%%%%%%%%%%%%%%%%%%%%%%%%%%%%%%%%%%%%%%%%%%%%%%%%%%%%%%%%%%%%%
```

5. epf.m

```matlab
%%%%%%%%%%%%%%%%%%%%%%%%%%%%%%%%%%%%%%%%%%%%%%%%%%%%%%%%%%%%%%%%%%%%%%%%
% 用EKF改进的粒子滤波算法--EPF
% 用EKF产生建议分布
% 输入参数说明:
%     Xiset是上t-1时刻的粒子集合,Z是t时刻的观测
%     Pin对应Xiset粒子集合的方差
% 输出参数说明:
%     Xo是epf算法最终的估计结果
%     Xoset是k时刻的粒子集合,其均值就是Xo
%     Pout是Xoset对应的方差
function [Xo,Xoset,Pout]=epf(Xiset,Z,t,Pin,N,R,Qekf,Rekf,g1,g2)
%%%%%%%%%%%%%%%%%%%%%%%%%%%%%%%%%%%%%%%%%%%%%%%%%%%%%%%%%%%%%%%%%%%%%%%%
% 重采样策略参数
resamplingScheme=1;

% 中间变量初始化
Zpre=ones(1,N);           % 观测预测
Xsetpre=ones(1,N);        % 粒子集合预测
w = ones(1,N);            % 权值初始化

Pout=ones(1,N);           % 协方差预测
Xekf=ones(1,N);           % EKF估计结果
Xekf_pre=ones(1,N);       % EKF的一步预测

% 第一步:根据EKF计算得到的结果进行采样
for i=1:N
    % 利用EKF计算得到 均值和方差
    [Xekf(i),Pout(i)]=ekf(Xiset(i),Z,Pin(i),t,Qekf,Rekf);
    % 现在用上面的均值和方差来为粒子集合采样
    Xsetpre(i)=Xekf(i)+sqrtm(Pout(i))*randn;
end

% 第二步:计算权重
for i=1:N,
    % 观测预测
    Zpre(i) = feval('hfun',Xsetpre(i),t);
    % 计算权重,1e-99为最小非0数字,防止变0
    lik = inv(sqrt(R)) * exp(-0.5*inv(R)*((Z-Zpre(i))^(2)))+1e-99;
    prior = ((Xsetpre(i)-Xiset(i))^(g1-1)) * exp(-g2*(Xsetpre(i)-Xiset(i)));
```

```matlab
        proposal = inv(sqrt(Pout(i))) * ...
            exp(-0.5*inv(Pout(i)) *((Xsetpre(i)-Xekf(i))^(2)));
        w(i) = lik*prior/proposal;
end;
% 权值归一化
w= w./sum(w);

% 第三步：重采样
if resamplingScheme == 1
    outIndex = residualR(1:N,w');         % 残差重采样
elseif resamplingScheme == 2
    outIndex = systematicR(1:N,w');       % 系统重采样
else
    outIndex = multinomialR(1:N,w');      % 多项式重采样
end;
% 第四步：集合更新
% 粒子集合更行
Xoset = Xsetpre(outIndex);  % 状态更新
Pout = Pout(outIndex);       % 方差更新
% 均值，作为最终估计
Xo = mean(Xoset);
%%%%%%%%%%%%%%%%%%%%%%%%%%%%%%%%%%%%%%%%%%%%%%%%%%%%%%%%%%%%%%
```

6. upf.m

```matlab
%%%%%%%%%%%%%%%%%%%%%%%%%%%%%%%%%%%%%%%%%%%%%%%%%%%%%%%%%%%%%%
% 用 UKF 改进的粒子滤波算法--EPF
% 用 UKF 产生建议分布
% 输入参数说明：
%     Xiset 是上 t-1 时刻的粒子集合，Z 是 t 时刻的观测
%     Pin 对应 Xiset 粒子集合的方差\
% 输出参数说明：
%     Xo 是 upf 算法最终的估计结果
%     Xoset 是 k 时刻的粒子集合，其均值就是 Xo
%     Pout 是 Xoset 对应的方差
function [Xo,Xoset,Pout]=upf(Xiset,Z,t,Pin,N,R,Qukf,Rukf,g1,g2)
%%%%%%%%%%%%%%%%%%%%%%%%%%%%%%%%%%%%%%%%%%%%%%%%%%%%%%%%%%%%%%
% 重采样策略参数
resamplingScheme=1;

% 中间变量初始化
Xukf=ones(1,N);          % EKF 估计结果
Xset_pre=ones(1,N);      % EKF 的一步预测
Zpre=ones(1,N);          % 观测预测

% 第一步：粒子采样
for i=1:N
```

```matlab
        % 调用UKF算法，获得UKF的状态和方差
        [Xukf(i),Pout(i)]=ukf(Xiset(i),Z,Pin(i),Qukf,Rukf,t);
        %[Xukf(i),Pout(i)]=ukf(Xiset(i),Pin(i),[],Qukf,'ukf_ffun',Z,Rukf,'ukf_hfun',t,alpha,beta,kappa);
        % 根据均值Xukf(i)和方差Pout(i)，为粒子集合采样
        Xset_pre(i) = Xukf(i) + sqrtm(Pout(i))*randn;
    end
    
    % 第二步：计算权重
    for i=1:N
        % 观测预测
        Zpre(i) = feval('hfun',Xset_pre(i),t);
        % 权值计算
        lik = inv(sqrt(R)) * exp(-0.5*inv(R)*((Z-Zpre(i))^(2)))+1e-99;
        prior = ((Xset_pre(i)-Xiset(i))^(g1-1)) * exp(-g2*(Xset_pre(i)-Xiset(i)));
        proposal = inv(sqrt(Pout(i))) * ...
            exp(-0.5*inv(Pout(i)) *((Xset_pre(i)-Xukf(i))^(2)));
        w(i) = lik*prior/proposal;
    end;
    % 归一化权值
    w = w./sum(w);
    
    % 第三步：重采样
    if resamplingScheme == 1
        outIndex = residualR(1:N,w');         % 残差重采样
    elseif resamplingScheme == 2
        outIndex = systematicR(1:N,w');       % 系统重采样
    else
        outIndex = multinomialR(1:N,w');      % 多项式重采样
    end;
    
    % 第四步：更新数据
    Xoset = Xset_pre(outIndex);   % 状态更新
    Pout = Pout(outIndex);        % 方差更新
    % 均值，作为最终估计
    Xo = mean(Xoset);
    %%%%%%%%%%%%%%%%%%%%%%%%%%%%%%%%%%%%%%%%%%%%%%%%%%%%%%%%%%%%%%%%%
```

7. ffun.m

```matlab
%%%%%%%%%%%%%%%%%%%%%%%%%%%%%%%%%%%%%%%%%%%%%%%%%%%%%%%%%%%%%%%%%
状态方程函数
function [y] = ffun(x,t);
% 输入少于2个参数，给出错误提示
if nargin < 2,
    error('Not enough input arguments.');
end
% 状态方程
```

```
        beta = 0.5;
        y = 1 + sin(4e-2*pi*t) + beta*x;
        %%%%%%%%%%%%%%%%%%%%%%%%%%%%%%%%%%%%%%%%%%%%%%%%%%%%%%%%%%%%%%%%
```

8. hfun.m

```
        %%%%%%%%%%%%%%%%%%%%%%%%%%%%%%%%%%%%%%%%%%%%%%%%%%%%%%%%%%%%%%%%
        % 观测方程函数
        function [y] = hfun(x,t);
        %%%%%%%%%%%%%%%%%%%%%%%%%%%%%%%%%%%%%%%%%%%%%%%%%%%%%%%%%%%%%%%%
        % 输入参数少于 2 个，给出错误提示
        if nargin < 2,
            error('Not enough input arguments.');
        end
        % 观测方程
        if t<=30
            y = (x.^(2))/5;
        else
            y = -2 + x/2;
        end;
```

9. gengamma.m

```
        % 产生一个符合 gamma 分布的噪声
        function x = gengamma(alpha, beta)
        % 如果 alpha=1，返回一个 beta 的指数形式
        if (alpha==1)
            x = -log(1-rand(1,1))/beta;
            return
        end
        flag=0;
        if (alpha<1)    % 如果 alpha<1，设置标志位 flag，并强行改成 alpha>1
            flag=1;
            alpha=alpha+1;
        end
        gamma=alpha-1;
        eta=sqrt(2.0*alpha-1.0);
        c=.5-atan(gamma/eta)/pi;
        aux=-.5;
        while(aux<0)
            y=-.5;
            while(y<=0)
                u=rand(1,1);
                y = gamma + eta * tan(pi*(u-c)+c-.5);
            end
            v=-log(rand(1,1));
            aux=v+log(1.0+((y-gamma)/eta)^2)+gamma*log(y/gamma)-y+gamma;
        end;
```

```matlab
% 根据标志位,给出返回值
if (flag==1)
    x = y/beta*(rand(1))^(1.0/(alpha-1));
else
    x = y/beta;
end
%%%%%%%%%%%%%%%%%%%%%%%%%%%%%%%%%%%%%%%%%%%%%%%%%%%%%%%%%%%%%%%%%
```

10. scaledSymmetricSigmaPoints.m

```matlab
%%%%%%%%%%%%%%%%%%%%%%%%%%%%%%%%%%%%%%%%%%%%%%%%%%%%%%%%%%%%%%%%%
function [xPts, wPts, nPts] = scaledSymmetricSigmaPoints(x,P,alpha,beta,kappa)
%%%%%%%%%%%%%%%%%%%%%%%%%%%%%%%%%%%%%%%%%%%%%%%%%%%%%%%%%%%%%%%%%
% sigma 点集数目
n    = size(x(:),1);
nPts = 2*n+1;

% kappa 参数重新计算
kappa = alpha^2*(n+kappa)-n;

% 申请空间,初始化
wPts=zeros(1,nPts);
xPts=zeros(n,nPts);

% 计算协方差矩阵的均方根
Psqrtm=(chol((n+kappa)*P))';

% 得到 sigma points 的矩阵表示
xPts=[zeros(size(P,1),1) -Psqrtm Psqrtm];

% 加入均值到 xPts
xPts = xPts + repmat(x,1,nPts);

% 每个 sigma 点的权值计算
wPts=[kappa 0.5*ones(1,nPts-1) 0]/(n+kappa);

% 计算第 0 个方差权重
wPts(nPts+1) = wPts(1) + (1-alpha^2) + beta;
%%%%%%%%%%%%%%%%%%%%%%%%%%%%%%%%%%%%%%%%%%%%%%%%%%%%%%%%%%%%%%%%%
```

6.6 小结

本章主要介绍从建议密度分布方向改进粒子滤波算法,给出用扩展卡尔曼改进的粒子滤波算法 EPF 和用无迹卡尔曼改进的粒子滤波算法 UPF,这两种算法是比较经典的粒子滤波改进算法。当然，目前最新、最前沿的粒子滤波算法有许许多多的改进措施，它们在各自的应用领域都取得了很大成功。这些算法都可以称为粒子滤波的衍生算法。建议读者在搞清楚基本粒子滤波算法后，结合自己的应用领域特点，从粒子多样性、重采样技术、建议密度分布等方面改进，也可与其他算法组合，如与神经网络等结合改进。本章并未详细介绍卡尔曼滤波的原理，请读者参考文献[1]。

6.7 参考文献

[1] 黄小平，王岩. 卡尔曼滤波原理及应用[M]. 北京：电子工业出版社，2015.

[2] 邓自力. 建模与估计[M]. 北京：科学出版社，2007.

[3] 朱志宇. 粒子滤波算法及其应用[M]. 北京：科学出版社，2010.

第 7 章 粒子滤波在目标跟踪中的应用

目标定位和跟踪在雷达、声呐、无线传感器网络、无线基站等领域应用非常广泛，定位和跟踪算法又是该领域的研究热点。MATLAB 工具则能非常好地仿真雷达、声呐、无线传感器网络等系统的定位和跟踪算法，在算法实现和数据可视化上几乎达到了完美境地。

7.1 目标跟踪过程描述

基于多观测站的目标跟踪实质上是多传感器之间协作完成对目标探测、定位预测的过程。一般地，将其分为探测、分类、定位、状态估计、跟踪维持等阶段。

1. 探测

探测是目标跟踪的前提。其目的就是发现目标。每个传感器站点周期性地利用自身的传感模块，通过无线信号强度、红外、超声或震动传感器探测区域内目标是否存在。一般地，在网络中存在两种探测方式，一种是主动探测，如雷达通过无线方式扫描区域内的目标；另一种是被动探测，如声呐，主要是接受环境中传来的声音信号。在军事领域，被动探测越来越受欢迎，因为被动探测是目标驱动的，具有很好的潜伏性和隐蔽性。

2. 分类

分类就是区分不同种类的目标的过程。分类在很大程度上依赖于传感器的硬件，如用磁传感器可以区分目标是否是由铁、钴、镍做成的，利用 CCD 图像传感器并结合图像处理技术完成对目标的识别是目前最为先进的识别方式之一。对于运动环境中相同的目标，如公路上两辆相同的轿车，要对其分别进行跟踪，只能依靠它们的运动方向、位置、速度、加速度等信息对其进行分类了。目前对目标分类的方法有很多，如近邻法、聚类算法、D-S 证据理论、联合概率关联法等。

3. 定位

定位阶段主要完成对目标位置的估计。目前的定位算法主要有两大类：一类是基于测距的，包括三边测量法、三角测量法、最小二乘或极大似然法，目前测量距离的方法主要有接收信号强度、TOA 等；另一类是非基于测距的，这类算法无须测距和测角，仅根据网络的连通性和拓扑结构来确定目标的位置，这类定位算法往往要求网络站点之间的部署要相对密集，而且定位的误差比较大，典型的非基于测距算法有质心算法、DV-hop 等。对于目标跟踪系统，多数情况下都采用基于测距的定位算法。

4. 状态估计

在发现目标后，通过前后两个采样时间的定位，做位移差就可以粗略地估计目标的速度，利用三个以上的采样周期也可以粗略地估计到目标的加速度。当然仅凭前几个采样周期是难以准确获得目标的准确状态的，需要用滤波算法不断地做信息融合、信号处理，以达到对目标参数的估计。这些滤波算法主要有 Kalman 滤波、粒子滤波等。滤波算法只能最大限度地减小噪声的干扰，不能完全消除噪声。在实际环境中噪声干扰是非常大的，因而引入相应的滤波算法是非常有必要的。目标跟踪算法在很大程度上就是在做状态估计和噪声滤除工作。因而，滤波是跟踪的关键。

5. 跟踪维持

目标在监测区域内移动，它会离开一个簇的监测范围后进入一个新簇的监测区域，那么新旧两个簇之间的跟踪维持问题是必须考虑的。因而在这里，簇节点之间的消息通知是维持跟踪的关键。如图 7-1 所示，目标从区域 1 进入区域 2，这时区域 1 的 CH 节点可以将目标的运动参数打包发给区域 2 内的簇节点，这样区域 2 内的簇节点也就没必要重新估计目标的位置、速度、加速度等信息了，可以无缝地从区域 1 内接过跟踪任务，保证目标在区域内移动时能达到实时监控的目的。

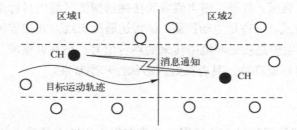

图 7-1 无线传感器网络中的跟踪维持

7.2 单站单目标跟踪系统建模

几乎所有的目标跟踪方法都是基于模型的。这里以单个观测站对单个目标探测为例，引出目标跟踪系统中的数学建模。如图 7-2 和图 7-3 所示，设传感器站点（Sensor）位于原点 O，目标在检测区域内移动。为简单计，假定目标在短期内沿直线方向运行。设采样时间为 T_0，用 $s(k)$ 表示目标在采样时刻 kT_0 处的真实位置，用 $z(k)$ 表示在时刻 kT_0 处传感器观测值。

根据上面的设定，有观测模型：

$$z(k) = s(k) + v(k) \tag{7-1}$$

式中，$v(k)$ 表示传感器的观测误差（观测噪声），可假设它是零均值、方差为 σ_v^2 的白噪声。方差 σ_v^2 的估值可以通过大量传感器观测数据用统计方法得到。要解决的问题是如何从被观测噪

声 $v(k)$ 污染的观测值 $z(k)$ 中求真实信息 $s(k)$ 的最优估计。为此，需要建立信号 $s(k)$ 的数学模型。设在时刻 kT_0 处目标运行速度为 $\dot{s}(k)$，加速度为 $a(k)$，由匀速运动的公式有：

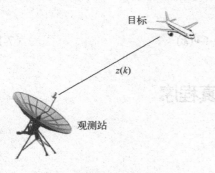

图 7-2 观测站对目标观测

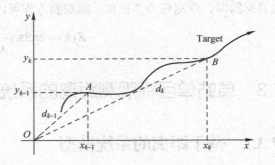

图 7-3 站点观测模型

$$s(k+1) = s(k) + \dot{s}(k)T_0 + \frac{1}{2}T_0^2 a(k) \tag{7-2}$$

$$\dot{s}(k+1) = \dot{s}(k) + T_0 a(k) \tag{7-3}$$

在这里，加速度 $a(k)$ 是由机动加速度 $u(k)$ 和随机加速度 $w(k)$ 两部分合成的。即：

$$a(k) = u(k) + w(k) \tag{7-4}$$

式中，$u(k)$ 为目标自身的动力系统的控制信号，它是人为给出的已知的机动信号，而 $w(k)$ 是由摩擦力、风力等外部随机因素决定的。假定它是零均值、方差为 σ_w^2 的独立于 $v(k)$ 的白噪声。

合并式（7.1）～式（7.4）可以得到状态空间模型：

$$\begin{bmatrix} s(k+1) \\ \dot{s}(k+1) \end{bmatrix} = \begin{bmatrix} 1 & T_0 \\ 0 & 1 \end{bmatrix} \begin{bmatrix} s(k) \\ \dot{s}(k) \end{bmatrix} + \begin{bmatrix} 0.5T_0^2 \\ T_0 \end{bmatrix} u(k) + \begin{bmatrix} 0.5T_0^2 \\ T_0 \end{bmatrix} w(k) \tag{7-5}$$

$$z(k) = \begin{bmatrix} 1 & 0 \end{bmatrix} \begin{bmatrix} s(k) \\ \dot{s}(k) \end{bmatrix} + v(k) \tag{7-6}$$

进一步地推广，将目标状态扩展为四维 $X(k) = \begin{bmatrix} x & v_x & y & v_y \end{bmatrix}^T$，$Z(k) = \begin{bmatrix} x & y \end{bmatrix}^T$，则系统的状态空间变量模型为：

$$X(k+1) = \boldsymbol{\Phi} X(k) + \boldsymbol{B} u(k) + \boldsymbol{\Gamma} w(k) \tag{7-7}$$

$$Z(k) = \boldsymbol{H} X(k) + v(k) \tag{7-8}$$

在目标跟踪中，我们经常不考虑目标自身的动力控制信号，所以状态方程常常表示为：

$$X(k+1) = \boldsymbol{\Phi} X(k) + \boldsymbol{\Gamma} w(k) \tag{7-9}$$

式中，$\boldsymbol{\Phi} = \begin{bmatrix} 1 & T_0 & 0 & 0 \\ 0 & 1 & 0 & 0 \\ 0 & 0 & 1 & T_0 \\ 0 & 0 & 0 & 1 \end{bmatrix}$，$\boldsymbol{\Gamma} = \begin{bmatrix} T_0^2/2 & 0 \\ T_0 & 0 \\ 0 & T_0^2/2 \\ 0 & T_0 \end{bmatrix}$。如果传感器探测的是与目标之间的距离，则观测方程为：

$$Z(k) = \sqrt{(x(k)-x_0)^2 + (y(k)-y_0)^2} + v(k) \tag{7-10}$$

其中目标位置 $(x(k), y(k))$ 是未知的，而传感器节点位置 (x_0, y_0) 是已知的。同理，如果是纯方位目标跟踪，观测量为方位角，则观测方程可以写为：

$$Z(k) = \arctan\frac{y(k)-y_0}{x(k)-x_0} + v(k) \tag{7-11}$$

7.3 单站单目标观测距离的系统及仿真程序

7.3.1 基于距离的系统模型

假设目标做匀速直线运动，目标的状态为 $X(k) = \begin{bmatrix} x_p(k) & x_v(k) & y_p(k) & y_v(k) \end{bmatrix}^T$，很显然，$k$ 时刻目标的位置为 $(x_p(k), y_p(k))$，目标的速度 $(x_v(k), y_v(k))$ 由水平方向和垂直方向的分速度构成，用向量表示为：

$$v(k) = x_v(k) + y_v(k) \tag{7-12}$$

目标匀速运动过程中必然受到风力、摩擦力等因素的干扰，这个干扰噪声可以认为随即加速度，为了便于理解，将目标从水平和垂直方向分解：

水平位置：$x_p(k+1) = x_p(k) + x_v(k) \times 1 + \frac{1}{2} w_{xp}(k) \times 1^2$；

水平速度：$x_v(k+1) = x_v(k) + w_{xv}(k) \times 1$；

垂直位置：$y_p(k+1) = y_p(k) + y_v(k) \times 1 + \frac{1}{2} w_{yp}(k) \times 1^2$；

垂直速度：$y_v(k+1) = y_v(k) + w_{yv}(k) \times 1$。

这里将上述采样时间间隔设为单位 1，如果将其置换成任意时间间隔 T，可将上述状态方程表示为下面的矩阵形式，到这里相信读者应该能明白很多论文中状态方程的由来了。当然，状态方程中的噪声部分，其表示形式是可以变化的，但无论怎样，读者只要把它各维变量分解后再理解，很多复杂的公式就很容易理解了。

$$\begin{bmatrix} x_p(k+1) \\ x_v(k+1) \\ y_p(k+1) \\ y_v(k+1) \end{bmatrix} = \begin{bmatrix} 1 & T & 0 & 0 \\ 0 & 1 & 0 & 0 \\ 0 & 0 & 1 & T \\ 0 & 0 & 0 & 1 \end{bmatrix} \begin{bmatrix} x_p(k) \\ x_v(k) \\ y_p(k) \\ y_v(k) \end{bmatrix} + \begin{bmatrix} 0.5T^2 & 0 & 0 & 0 \\ 0 & T & 0 & 0 \\ 0 & 0 & 0.5T^2 & 0 \\ 0 & 0 & 0 & T \end{bmatrix} \begin{bmatrix} w_{xp}(k) \\ w_{xv}(k) \\ w_{yp}(k) \\ w_{yv}(k) \end{bmatrix} \tag{7-13}$$

将上述状态方程进一步简化如下：

$$X(k+1) = \boldsymbol{\Phi} X(k) + \boldsymbol{\Gamma} w(k) \tag{7-14}$$

式中，$\boldsymbol{\Phi} = \begin{bmatrix} 1 & T & 0 & 0 \\ 0 & 1 & 0 & 0 \\ 0 & 0 & 1 & T \\ 0 & 0 & 0 & 1 \end{bmatrix}$，$\boldsymbol{\Gamma} = \begin{bmatrix} 0.5T^2 & 0 & 0 & 0 \\ 0 & T & 0 & 0 \\ 0 & 0 & 0.5T^2 & 0 \\ 0 & 0 & 0 & T \end{bmatrix}$，

$$X(k) = \begin{bmatrix} x_p(k) \\ x_v(k) \\ y_p(k) \\ y_v(k) \end{bmatrix}, \quad w(k) = \begin{bmatrix} w_{xp}(k) \\ w_{xv}(k) \\ w_{yp}(k) \\ w_{yv}(k) \end{bmatrix}$$

上述状态方程只反映目标真实运动信息，观测站根本不知道目标的运动状态，观测站的位置为 (x_s, y_s)，它只能通过激光、无线电、红外、超声波等方式探测目标，并通过自身的传感器计算其与目标之间的距离。我们不关心观测站是通过何种方式探测到目标的，总之观测站的位置与目标之间存在如下关系：

$$d(k) = \sqrt{(x_p(k) - x_s)^2 + (y_p(k) - y_s)^2} + v(k) \tag{7-15}$$

式中，d 是观测站通过某种测距方式测得的与目标之间的距离，当然这个距离不是百分百准确的，它是受测量噪声 $v(k)$ 的污染的。通常将上述观测方程表示为

$$Z(k) = h(X(k)) + v(k) \tag{7-16}$$

函数 h 表示的是观测站与目标状态之间的线性或非线性函数关系，这里的 h 便是非线性关系：

$$h(X(k)) = \sqrt{(x_p(k) - x_s)^2 + (y_p(k) - y_s)^2} \tag{7-17}$$

综上所述，目标的状态方程和观测方程如下：

$$X(k+1) = \boldsymbol{\Phi} X(k) + \boldsymbol{\Gamma} w(k) \tag{7-18}$$

$$Z(k) = h(X(k)) + v(k) \tag{7-19}$$

7.3.2 基于距离的跟踪系统仿真程序

```
%%%%%%%%%%%%%%%%%%%%%%%%%%%%%%%%%%%%%%%%%%%%%%%%%%%%%%%%
% 程序说明：  单站单目标基于距离的跟踪系统，采用粒子滤波算法
% 状态方程    X（k+1)=F*X(k)+Lw(k)
% 观测方程    Z（k)=h(X)+v(k)
%%%%%%%%%%%%%%%%%%%%%%%%%%%%%%%%%%%%%%%%%%%%%%%%%%%%%%%%
function main
% 初始化参数
clear;
T=1;    % 采样周期
M=30;   % 采样点数
delta_w=1e-4; % 过程噪声调整参数，设得越大，目标运行的机动性越大，轨迹越随机
Q=delta_w*diag([0.5,1,0.5,1])   ; % 过程噪声均方差
R=2;                            % 观测距离均方差
F=[1,T,0,0;0,1,0,0;0,0,1,T;0,0,0,1];
%%%%%%%%%%%%%%%%%    系统初始化    %%%%%%%%%%%%%%%%%%%%%%%
Length=100;    % 目标运动的场地空间
Width=100;
% 观测站的位置随即部署
```

```matlab
        Node.x=Width*rand;
        Node.y=Length*rand;
        %%%%%%%%%%% 目标的运动轨迹 %%%%%%%%%%%%%%%%%%%%%%
        X=zeros(4,M);   % 目标状态
        Z=zeros(1,M);   % 观测数据
        w=randn(4,M);   % 过程噪声
        v=randn(1,M);   % 观测噪声
        X(:,1)=[1,Length/M,20,60/M]';  % 初始化目标状态,读者可以设置成其他值
        state0=X(:,1);   % 估计的初始化
        for t=2:M
            X(:,t)=F*X(:,t-1)+sqrtm(Q)*w(:,t);%目标真实轨迹
        end
        % 模拟目标运动过程,观测站对目标观测获取距离数据
        for t=1:M
            x0=Node.x;
            y0=Node.y;
            Z(1,t)=feval('hfun',X(:,t),x0,y0)+sqrtm(R)*v(1,t);
        end
        % 便于函数调用,将参数打包
        canshu.T=T;
        canshu.M=M;
        canshu.Q=Q;
        canshu.R=R;
        canshu.F=F;
        canshu.state0=state0;
        % 滤波
        [Xpf,Tpf]=PF(Z,Node,canshu);
        % RMS 比较图
        for t=1:M
            PFrms(1,t)=distance(X(:,t),Xpf(:,t));
        end
        %%%%%%%%%%%%%%%  画图  %%%%%%%%%%%%%%
        % 轨迹图
        figure
        hold on
        box on
        % 观测站位置
        h1=plot(Node.x,Node.y,'ro','MarkerFaceColor','b');

        % 目标真实轨迹
        h2=plot(X(1,:),X(3,:),'--m.','MarkerEdgeColor','m');
        % 滤波算法轨迹
        h3=plot(Xpf(1,:),Xpf(3,:),'-k*','MarkerEdgeColor','b');
        xlabel('X/m');
        ylabel('Y/m');
        legend([h1,h2,h3],'观测站位置','目标真实轨迹','PF 算法轨迹');
```

```
hold off
%%%%%%%%%%%%%%%%%%%%%%%%%%%%%%%%%%%%%%%%%%%%%%%%%%%%%%%%%%%%
%  RMS 跟踪误差图
figure
hold on
box on
plot(PFrms(1,:),'-k.','MarkerEdgeColor','m');
xlabel('time/s');
ylabel('error/m');
legend('RMS 跟踪误差');
title(['RMSE,q=',num2str(delta_w)])
hold off
%%%%%%%%%%%%%%%%%%%%%%%%%%%%%%%%%%%%%%%%%%%%%%%%%%%%%%%%%%%%
%   实时性比较图
figure
hold on
box on
plot(Tpf(1,:),'-k.','MarkerEdgeColor','m');
xlabel('step');
ylabel('time/s');
legend('每个采样周期内 PF 计算时间');
title('Comparison of Realtime')
hold off
%%%%%%%%%%%%%%%%%%%%%%%%%%%%%%%%%%%%%%%%%%%%%%%%%%%%%%%%%%%%
%   程序说明： 粒子滤波子程序
function [Xout,Tpf]=PF(Z,Node,canshu)
T=canshu.T;
M=canshu.M;
Q=canshu.Q;
R=canshu.R;
F=canshu.F;
state0=canshu.state0;
%%%%%%%%%%%%%%%%%% 初始化滤波器 %%%%%%%%%%%%%%%%%%%%%%%%%%%%
N=100;          % 粒子数
zPred=zeros(1,N);
Weight=zeros(1,N);
xparticlePred=zeros(4,N);
Xout=zeros(4,M);
Xout(:,1)=state0;
Tpf=zeros(1,M);
xparticle=zeros(4,N);
for j=1:N       % 粒子集初始化
    xparticle(:,j)=state0;
end
Xpf=zeros(4,N);
Xpf(:,1)=state0;
```

```matlab
            for t=2:M
                tic;
                XX=0;
                x0=Node.x;
                y0=Node.y;
                % 采样
                for k=1:N
                    xparticlePred(:,k)=feval('sfun',xparticle(:,k),T,F)+5*sqrtm(Q)
                    *randn(4,1);
                end
                % 重要性权值计算
                for k=1:N
                    zPred(1,k)=feval('hfun',xparticlePred(:,k),x0,y0);
                    z1=Z(1,t)-zPred(1,k);
                    Weight(1,k)=inv(sqrt(2*pi*det(R)))*exp(-.5*(z1)'*inv(R)*(z1))+
1e-99;%权值计算
                end
                % 归一化权重
                Weight(1,:)=Weight(1,:)./sum(Weight(1,:));
                %重新采样
                outIndex = randomR(1:N,Weight(1,:)');            % 随机重采样
                xparticle= xparticlePred(:,outIndex); % 获取新采样值
                target=[mean(xparticle(1,:)),mean(xparticle(2,:)),...
                    mean(xparticle(3,:)),mean(xparticle(4,:))]';
                Xout(:,t)=target;
                Tpf(1,t)=toc;
end
% 随机采样子函数
function outIndex = randomR(inIndex,q)
if nargin < 2
    error('Not enough input arguments.');
end
outIndex=zeros(size(inIndex));
[num,col]=size(q);
u=rand(num,1);
u=sort(u);
l=cumsum(q);
i=1;
for j=1:num
    while (i<=num)&(u(i)<=l(j))
        outIndex(i)=j;
        i=i+1;
    end
end
%%%%%%%%%%%%%%%%%%%%%%%%%%%%%%%%%%%%%%%%%%%%%%%%%%%%%%%%%%%%%%%%%%%
% 子程序说明: 系统状态转移函数
```

```
function [y]=sfun(x,T,F)
if nargin < 2
    error('Not enough input arguments.');
end
y=F*x;
%%%%%%%%%%%%%%%%%%%%%%%%%%%%%%%%%%%%%%%%%%%%%%%%%%%%%%%%%
% 程序说明：  观测方程函数
% 输入参数：  x 目标的状态，(x0,y0)是观测站的位置
% 输出参数：  y 是距离
function [y]=hfun(x,x0,y0)
%%%%%%%%%%%%%%%%%%%%%%%%%%%%%%%%%%%%%%%%%%%%%%%%%%%%%%%%%
if nargin < 3
    error('Not enough input arguments.');
end
[row,col]=size(x);
if row~=4|col~=1
    error('Input arguments error!');
end
y=sqrt((x(1)-x0)^2+(x(3)-y0)^2);
%%%%%%%%%%%%%%%%%%%%%%%%%%%%%%%%%%%%%%%%%%%%%%%%%%%%%%%%%
% 程序说明：  求目标位置函数
% 输入参数：  观测站一次观测值 x,观测站的位置（x0,y0）
% 输出参数：  目标的位置信息
function [y]=ffun(x,x0,y0)
%%%%%%%%%%%%%%%%%%%%%%%%%%%%%%%%%%%%%%%%%%%%%%%%%%%%%%%%%
if nargin < 3
    error('Not enough input arguments.');
end
[row,col]=size(x);
if row~=2|col~=1
    error('Input arguments error!');
end
y=zeros(2,1);
y(1)=x(1)*cos(x(2))+x0;
y(2)=x(1)*sin(x(2))+y0;
%%%%%%%%%%%%%%%%%%%%%%%%%%%%%%%%%%%%%%%%%%%%%%%%%%%%%%%%%
%  程序说明： 求两点之间的距离
function [d]=distance(X,Y)
if length(Y)==4
    d=sqrt( (X(1)-Y(1))^2+(X(3)-Y(3))^2 );
end
if length(Y)==2
    d=sqrt( (X(1)-Y(1))^2+(X(3)-Y(2))^2 );
end
%%%%%%%%%%%%%%%%%%%%%%%%%%%%%%%%%%%%%%%%%%%%%%%%%%%%%%%%%
```

需要说明的是，上述子函数中，randomR、sfun、distance、ffun 这几个函数是通用的，在后续的小节中不再给出具体的函数实现，读者完全可以复制图 7-4 所示的四个函数。

图 7-4　文件清单

运行上面的 main 程序，得到轨迹图，如图 7-5 所示。

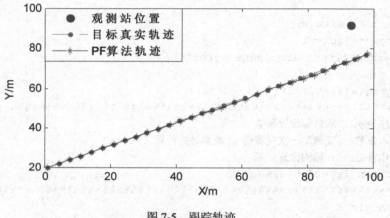

图 7-5　跟踪轨迹

跟踪精度用估计状态与真实状态之间的欧式距离衡量（参照第 5 章的内容，此处不再重复），如图 7-6 所示，可以发现粒子滤波跟踪效果并不是很理想，偏差逐渐增大。

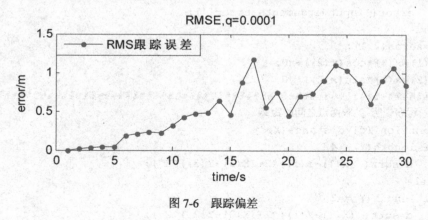

图 7-6　跟踪偏差

每个周期内，粒子率计算时间如图 7-7 所示，这个计算时间体现的是目标跟踪实时性这一个指标。

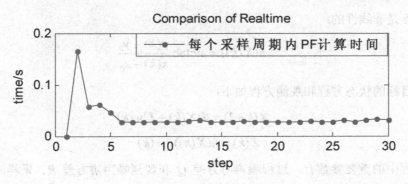

图 7-7 粒子率计算时间

7.4 单站单目标纯方位角度观测系统及仿真程序

7.4.1 纯方位目标跟踪系统模型

假设目标做匀速直线运动，目标的状态为 $X(k)=\begin{bmatrix} x_p(k) & x_v(k) & y_p(k) & y_v(k) \end{bmatrix}^T$，很显然，$k$ 时刻目标的位置为 $(x_p(k),y_p(k))$，目标的速度 $(x_v(k),y_v(k))$ 由水平方向和垂直方向的分速度构成，那么目标的状态方程如下：

$$X(k+1)=\boldsymbol{\Phi} X(k)+\boldsymbol{\Gamma} w(k) \tag{7-20}$$

式中 $\boldsymbol{\Phi}=\begin{bmatrix} 1 & T & 0 & 0 \\ 0 & 1 & 0 & 0 \\ 0 & 0 & 1 & T \\ 0 & 0 & 0 & 1 \end{bmatrix}$，$\boldsymbol{\Gamma}=\begin{bmatrix} 0.5T^2 & 0 & 0 & 0 \\ 0 & T & 0 & 0 \\ 0 & 0 & 0.5T^2 & 0 \\ 0 & 0 & 0 & T \end{bmatrix}$，

$$X(k)=\begin{bmatrix} x_p(k) \\ x_v(k) \\ y_p(k) \\ y_v(k) \end{bmatrix}, \quad w(k)=\begin{bmatrix} w_{xp}(k) \\ w_{xv}(k) \\ w_{yp}(k) \\ w_{yv}(k) \end{bmatrix}。$$

上述状态方程只反映目标真实运动信息，观测站是根本不知道目标的运动状态的，观测站的位置为 (x_s,y_s)，通过角度传感器采集目标与观测站之间的角度信息，得到观测方程如下：

$$Z(k)=\arctan\frac{y(k)-y_0}{x(k)-x_0}+v(k) \tag{7-21}$$

式中，Z 是观测站通过某种测距方式测得的与目标之间的角度，它是受到测量噪声 $v(k)$ 的污染的。通常将上述观测方程表示为：

$$Z(k)=h(X(k))+v(k) \tag{7-22}$$

这里的函数 h 是非线性的：

$$h(X(k)) = \arctan \frac{y(k) - y_0}{x(k) - x_0} \qquad (7\text{-}23)$$

综上所述，目标的状态方程和观测方程如下：

$$X(k+1) = \Phi X(k) + \Gamma w(k) \qquad (7\text{-}24)$$

$$Z(k) = h(X(k)) + v(k) \qquad (7\text{-}25)$$

仿真过程中的重要参数有：过程噪声协方差 Q 和观测噪声协方差 R、采样时间、时间间隔等，见程序代码中的设置。

7.4.2 纯方位跟踪系统仿真程序

```matlab
%%%%%%%%%%%%%%%%%%%%%%%%%%%%%%%%%%%%%%%%%%%%%%%%
% 程序说明：单站单目标基于角度的跟踪系统，采用粒子滤波算法
% 状态方程  X(k+1)=F*X(k)+Lw(k)
% 观测方程  Z(k)=h(X)+v(k)
function main
%%%%%%%%%%%%%%%%%%%%%%%%%%%%%%%%%%%%%%%%%%%%%%%%
% 初始化参数
clear;
T=1;    % 采样周期
M=30;   % 采样点数
delta_w=1e-4; % 过程噪声调整参数，设得越大，目标运行的机动性越大，轨迹越随机（乱）
Q=delta_w*diag([0.5,1,0.5,1]) ;  % 过程噪声均方差
R=pi/180*0.1;                    % 观测角度均方差，可将 0.1 设置得更小
F=[1,T,0,0;0,1,0,0;0,0,1,T;0,0,0,1];
%%%%%%%%%%%%%%% 系统初始化 %%%%%%%%%%%%%%%%%%%%
Length=100;  % 目标运动的场地空间
Width=100;
% 观测站的位置随机部署
Node.x=Width*rand;
Node.y=Length*rand;
%%%%%%%%%%%%% 目标的运动轨迹 %%%%%%%%%%%%%%%%%%%%
X=zeros(4,M);  % 目标状态
Z=zeros(1,M);  % 观测数据
w=randn(4,M);  % 过程噪声
v=randn(1,M);  % 观测噪声
X(:,1)=[1,Length/M,20,60/M]';  % 初始化目标状态，读者可以设置成其他值
state0=X(:,1);   % 估计的初始化
for t=2:M
    X(:,t)=F*X(:,t-1)+sqrtm(Q)*w(:,t);%目标真实轨迹
end
% 模拟目标运动过程，观测站对目标观测获取角度数据
```

```
for t=1:M
x0=Node.x;
    y0=Node.y;
    Z(1,t)=feval('hfun',X(:,t),x0,y0)+sqrtm(R)*v(1,t);
end
%%%%%%%%%%%%%%%%%%%%%%%%%%%%%%%%%%%%%%%%%%%%%%%%%%%%%%%%%%%%
% 便于函数调用，将参数打包
canshu.T=T;
canshu.M=M;
canshu.Q=Q;
canshu.R=R;
canshu.F=F;
canshu.state0=state0;
%%%%%%%%%%%%%%%% 滤波 %%%%%%%%%%%%%%%%%%%%%%%%%
[Xpf,Tpf]=PF(Z,Node,canshu);
% RMS 比较图
for t=1:M
    PFrms(1,t)=distance(X(:,t),Xpf(:,t));
end
%%%%%%%%%%%%%%%%%%% 画图 %%%%%%%%%%%%%%%%%%%%%
% 轨迹图
figure
hold on
box on
% 观测站位置
h1=plot(Node.x,Node.y,'ro','MarkerFaceColor','b');
% 目标真实轨迹
h2=plot(X(1,:),X(3,:),'--m.','MarkerEdgeColor','m');
% 滤波算法轨迹
h3=plot(Xpf(1,:),Xpf(3,:),'-k*','MarkerEdgeColor','b');
xlabel('X/m');
ylabel('Y/m');
legend([h1,h2,h3],'观测站位置','目标真实轨迹','PF 算法轨迹');
hold off
%%%%%%%%%%%%%%%%%%%%%%%%%%%%%%%%%%%%%%%%%%%%%%%%%%%%%%%%%%%%
% RMS 跟踪误差图
figure
hold on
box on
plot(PFrms(1,:),'-k.','MarkerEdgeColor','m');
xlabel('time/s');
ylabel('error/m');
legend('RMS 跟踪误差');
title(['RMSE,q=',num2str(delta_w)])
hold off
```

```
%%%%%%%%%%%%%%%%%%%%%%%%%%%%%%%%%%%%%%%%%%%%%%%%%%%%%%%%%%%%%%%
% 实时性比较图
figure
hold on
box on
plot(Tpf(1,:),'-k.','MarkerEdgeColor','m');
xlabel('step');
ylabel('time/s');
legend('每个采样周期内 PF 计算时间');
title('Comparison of Realtime')
hold off
%%%%%%%%%%%%%%%%%%%%%%%%%%%%%%%%%%%%%%%%%%%%%%%%%%%%%%%%%%%%%%%
% 程序说明：观测方程函数
% 输入参数： x 目标的状态，(x0,y0)是观测站的位置
% 输出参数： y 是角度
function [y]=hfun(x,x0,y0)
%%%%%%%%%%%%%%%%%%%%%%%%%%%%%%%%%%%%%%%%%%%%%%%%%%%%%%%%%%%%%%%
ifnargin< 3
    error('Not enough input arguments.');
end
[row,col]=size(x);
if row~=4|col~=1
    error('Input arguments error!');
end
xx=x(1)-x0;
yy=x(3)-y0;
y=atan2(yy,xx);
%%%%%%%%%%%%%%%%%%%%%%%%%%%%%%%%%%%%%%%%%%%%%%%%%%%%%%%%%%%%%%%
```

上述程序中缺乏子函数 distance.m、ffun.m、PF.m、randomR.m、sfun.m，这些文件完全与 7.3.2 节的内容一致，读者可直接将子程序重复利用。程序清单如图 7-8 所示。

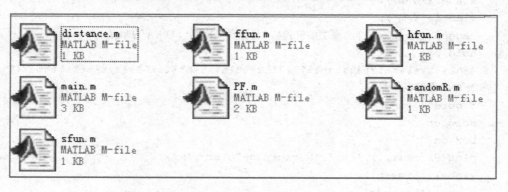

图 7-8　程序清单

运行程序，得到轨迹跟踪效果图，如图 7-9 所示。

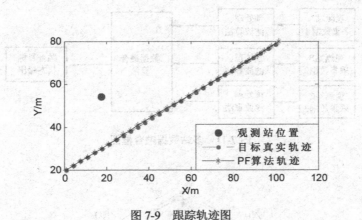

图 7-9　跟踪轨迹图

估计轨迹与真实值之间的偏差如图 7-10 所示。

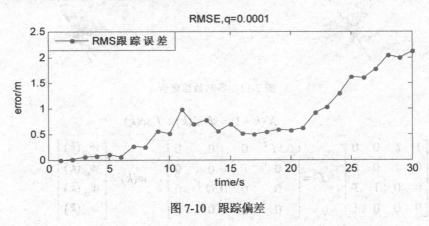

图 7-10　跟踪偏差

7.5　多站单目标纯方位角度观测系统及仿真程序

多观测站系统也叫多传感器信息系统、分布式系统。它必然涉及多个观测数据处理和融合问题。目前多传感器信息融合是比较热门的研究领域。本节讲解的多站单目标跟踪系统，其实质是多个观测站之间如何更准确地对单个目标进行跟踪。当然，这里只是让多个观测站数据取平均，没有深入讲解融合算法，若想深入研究算法，建议从加权平均、D-S 证据理论、模糊聚类等方面考虑。

7.5.1　多站纯方位目标跟踪系统模型

多站数据融合框图如图 7-11 所示，它是经过多个观测站完成对目标探测，并对数据预处理，在融合中心完成算法融合，得到目标最终的状态信息的过程。

如图 7-12 所示，两个观测站对目标探测，假设目标做匀速直线运动，目标的状态为 $X(k) = \begin{bmatrix} x_p(k) & x_v(k) & y_p(k) & y_v(k) \end{bmatrix}^T$，则目标的运动状态方程可以写为：

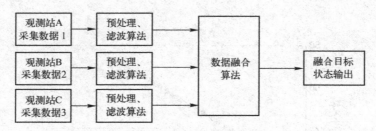

图 7-11 多站数据融合框图

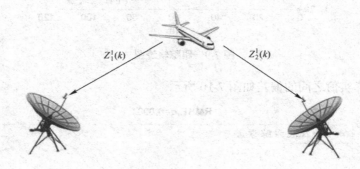

图 7-12 多站数据融合

$$X(k+1) = \Phi X(k) + \Gamma w(k) \quad (7-26)$$

式中，$\Phi = \begin{bmatrix} 1 & T & 0 & 0 \\ 0 & 1 & 0 & 0 \\ 0 & 0 & 1 & T \\ 0 & 0 & 0 & 1 \end{bmatrix}$，$\Gamma = \begin{bmatrix} 0.5T^2 & 0 & 0 & 0 \\ 0 & T & 0 & 0 \\ 0 & 0 & 0.5T^2 & 0 \\ 0 & 0 & 0 & T \end{bmatrix}$，$w(k) = \begin{bmatrix} w_{xp}(k) \\ w_{xv}(k) \\ w_{yp}(k) \\ w_{yv}(k) \end{bmatrix}$

上述状态方程只反映目标真实运动信息，观测站根本不知道目标的运动状态，第 i 个观测站的位置为 (x_0^i, y_0^i)，通过角度传感器采集目标与观测站之间的角度信息，得到观测方程如下：

$$Z_i(k) = \arctan \frac{y(k) - y_s^i}{x(k) - x_s^i} + v_i(k) \quad (7-27)$$

这里，Z 是观测站通过某种测距方式测得的与目标之间的角度，它是受到测量噪声 $v_i(k)$ 的污染的，特别要注意，不同观测站（传感器）的观测噪声方差是不一样的，即 Q_i 的值因传感器不同而不同，这里给了数据融合研究者很多发挥的空间，如可以做不同观测站之间的 D-S 证据理论融合，根据它的值做加权平均法等。

综上所述，目标的状态方程和观测方程如下：

$$X(k+1) = \Phi X(k) + \Gamma w(k) \quad (7-28)$$

$$Z(k) = h(X(k)) + v(k) \quad (7-29)$$

仿真过程中的重要参数有：过程噪声协方差 Q 和观测噪声协方差 R、采样时间、时间间隔等，见程序代码中的设置。

7.5.2 多站纯方位跟踪系统仿真程序

运行程序,得到图 7-13 所示的仿真结果,从图 7-13 中可以看出,粒子滤波较好地对目标真实轨迹进行了跟踪,从图 7-14 中可以看出,每个采样周期内各观测站运行的时间大约在 0.2s 左右,而图 7-15 为跟踪误差图,表明随着时间的推移,粒子滤波跟踪误差逐渐偏大,这与粒子匮乏等因素有关。

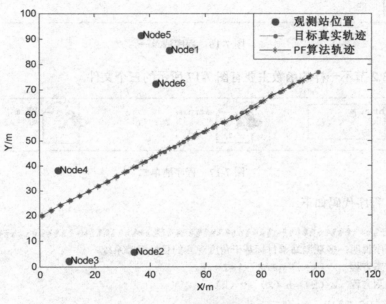

图 7-13 多站数据融合

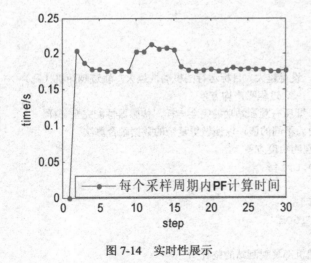

图 7-14 实时性展示

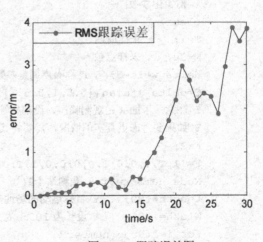

图 7-15 跟踪误差图

程序清单如图 7-16 所示。

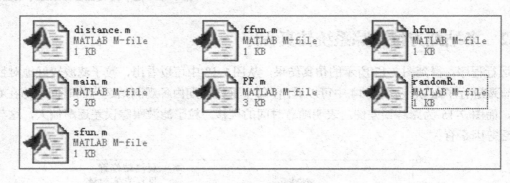

图 7-16 程序清单一

其中与 7.3.2 节不一样的函数主要有图 7-17 所示的三个文件。

图 7-17 程序清单二

MATLAB 程序代码如下：

```
%%%%%%%%%%%%%%%%%%%%%%%%%%%%%%%%%%%%%%%%%%%%%%%%%%%%%%%%%%%%%%%%%%
%  程序说明：多观测站单目标基于角度观测的目标跟踪系统
%  状态方程   X（k+1）=F*X(k)+Lw(k)
%  观测方程   Z（k）=h（X）+v（k）
function main
%%%%%%%%%%%%%%%%%%%%%%%%%%%%%%%%%%%%%%%%%%%%%%%%%%%%%%%%%%%%%%%%%%
% 初始化参数
clear;
T=1;    % 采样周期
M=30;   % 采样点数
delta_w=1e-3; % 过程噪声调整参数，设得越大，目标运行的机动性越大，轨迹越随机（乱）
Q=delta_w*diag([0.5,1,0.5,1])  ; % 过程噪声均方差
% 注意：下面R是观测噪声，设都相等，即所有观测站功能完全一样，传感器性能完全一样
% 如果要考虑更真实的情况，需要将其设为不同的值，以便做更复杂的数据融合算法
R=2;                           % 观测角度方差
F=[1,T,0,0;0,1,0,0;0,0,1,T;0,0,0,1];
Node_number=6; % 观测站个数
Length=100;     % 目标运动的场地空间
Width=100;      % 设长为100m,宽为100m
for i=1:Node_number
    Node(i).x=Width*rand;    % 随机部署观测站的位置
    Node(i).y=Length*rand;
end
for i=1:Node_number    % 保存观测站位置到一个矩阵上
```

```
        NodePostion(:,i)=[Node(i).x,Node(i).y]';
end
X=zeros(4,M);                   % 目标状态
Z=zeros(Node_number,M);  % 观测数据
w=randn(4,M);
v=randn(Node_number,M);
X(:,1)=[1,Length/M,20,60/M]';  % 初始化目标状态
state0=X(:,1);                  % 估计的初始化
% 模拟目标运动
for t=2:M
    % 状态方程
    X(:,t)=F*X(:,t-1)+sqrtm(Q)*w(:,t);%目标真实轨迹
end
% 模拟目标运动过程中，各个观测站采集角度信息
for t=1:M
    for i=1:Node_number
        x0=NodePostion(1,i);
        y0=NodePostion(2,i);
        % 观测方程
        Z(i,t)=feval('hfun',X(:,t),x0,y0)+sqrtm(R)*v(i,t);
    end
end
% 便于函数调用，将参数打包
canshu.T=T;
canshu.M=M;
canshu.Q=Q;
canshu.R=R;
canshu.F=F;
canshu.state0=state0;
canshu.Node_number=Node_number;
% 滤波
[Xpf,Tpf]=PF(Z,NodePostion,canshu);
% RMS 比较图
for t=1:M
    PFrms(1,t)=distance(X(:,t),Xpf(:,t));
end
% 画图
% 轨迹图
figure
hold on
box on
for i=1:Node_number
    % 观测站位置
    h1=plot(NodePostion(1,i),NodePostion(2,i),'ro','MarkerFaceColor','b');
    text(NodePostion(1,i)+0.5,NodePostion(2,i),['Node',num2str(i)])
```

```matlab
end
% 目标真实轨迹
h2=plot(X(1,:),X(3,:),'--m.','MarkerEdgeColor','m');
% 滤波算法轨迹
h3=plot(Xpf(1,:),Xpf(3,:),'-k*','MarkerEdgeColor','b');
xlabel('X/m');
ylabel('Y/m');
legend([h1,h2,h3],'观测站位置','目标真实轨迹','PF算法轨迹');
hold off
% RMS 图  跟踪误差图
figure
hold on
box on
plot(PFrms(1,:),'-k.','MarkerEdgeColor','m');
xlabel('time/s');
ylabel('error/m');
legend('RMS 跟踪误差');
hold off
% 实时性比较图
figure
hold on
box on
plot(Tpf(1,:),'-k.','MarkerEdgeColor','m');  % '-k*','MarkerEdgeColor','m'
xlabel('step');
ylabel('time/s');
legend('每个采样周期内 PF 计算时间');
hold off
%%%%%%%%%%%%%%%%%%%%%%%%%%%%%%%%%%%%%%%%%%%%%%%%%%%
% 程序说明：  粒子滤波子程序
% 输入参数：  X{i}（4,M,Node_number)为 Node_number 个传感器节点对 i
%             个目标进行观测值，传感器节点的位置为 NodePostion，参数包
% 输出参数：  目标的估计状态输出
function [Xout,Tpf]=PF(Z,NodePostion,canshu)
%%%%%%%%%%%%%%%%%%%%%%%%%%%%%%%%%%%%%%%%%%%%T=canshu.T;
M=canshu.M;
Q=canshu.Q;
R=canshu.R;
F=canshu.F;
state0=canshu.state0;
Node_number=canshu.Node_number;
%%%%%%%%%%%%%% 初始化滤波器 %%%%%%%%%%%%%%%%%%%
N=100;            % 粒子数
zPred=zeros(1,N);
Weight=zeros(1,N);
```

```matlab
        xparticlePred=zeros(4,N);
        Xout=zeros(4,M);
        Xout(:,1)=state0;
        Tpf=zeros(1,M);
        for i=1:Node_number
            xparticle{i}=zeros(4,N);
            for j=1:N       % 粒子集初始化
                xparticle{i}(:,j)=state0;
            end
            Xpf{i}=zeros(4,N);
            Xpf{i}(:,1)=state0;
        end
        %%%%%%%%%%%%%%%%%%%%%%%%%%%%%%%%%%%%%%%%%%%%%%%%%%%%%%%%
        for t=2:M
            tic;
            XX=0;
            for i=1:Node_number
                x0=NodePostion(1,i);
                y0=NodePostion(2,i);
                % 采样
                for k=1:N
                    xparticlePred(:,k)=feval('sfun',xparticle{i}(:,k),T)+5*...
                    sqrtm(Q)*randn(4,1);
                end
                % 重要性权值计算
                for k=1:N
                    zPred(1,k)=feval('hfun',xparticlePred(:,k),x0,y0);
                    z1=Z(i,t)-zPred(1,k);
                    Weight(1,k)=inv(sqrt(2*pi*det(R)))*exp(-.5*(z1)'*inv(R)...
                    *(z1))+ 1e-99;%权值计算
                end
                % 归一化权重
                Weight(1,:)=Weight(1,:)./sum(Weight(1,:));
                %重新采样
                outIndex = randomR(1:N,Weight(1,:)');            % random resampling.
                xparticle{i}= xparticlePred(:,outIndex); % 获取新采样值
                target=[mean(xparticle{i}(1,:)),mean(xparticle{i}(2,:)),...
                    mean(xparticle{i}(3,:)),mean(xparticle{i}(4,:))]';
                Xpf{i}(:,t)=target;
                % 注意,下面只是对各个观测站的数据做平均,如需做更复杂的数据融合算法
                % 可以考虑将观测噪声R设置不同的值,再次做加权平均,或者其他融合算法
                % 有兴趣的读者可以在此做深入的研究
                XX=XX+Xpf{i}(:,t);
            end
```

```
            Xout(:,t)=XX/Node_number;
            Tpf(1,t)=toc;
        end
        %%%%%%%%%%%%%%%%%%%%%%%%%%%%%%%%%%%%%%%%%%%%%%%%%%%%%%%%%
        % 程序说明：   观测方程函数
        % 输入参数：   x 目标的状态，(x0,y0)是观测站的位置
        % 输出参数：   y 是角度
        function [y]=hfun(x,x0,y0)
        %%%%%%%%%%%%%%%%%%%%%%%%%%%%%%%%%%%%%%%%%%%%%%%%%%%%%%%%%
        if nargin < 3
            error('Not enough input arguments.');
        end
        [row,col]=size(x);
        if row~=4|col~=1
            error('Input arguments error!');
        end
        xx=x(1)-x0;
        yy=x(3)-y0;
        y=atan2(yy,xx);
        %%%%%%%%%%%%%%%%%%%%%%%%%%%%%%%%%%%%%%%%%%%%%%%%%%%%%%%%%
```

7.6 非高斯模型下粒子滤波跟踪仿真

Kalman 滤波要求噪声模型是高斯的，而粒子滤波对噪声模型没有要求。目标跟踪是非线性问题。在实际情况中，由于目标的散射特性，雷达观测噪声不是高斯白噪声，而是尾部较长的"闪烁噪声"。因此，上述算法在实际应用中存在缺陷。本节探讨在雷达测量闪烁噪声统计模型的基础上，使用 PF 算法解决闪烁噪声条件下的雷达目标跟踪问题。

考虑一般的雷达目标跟踪问题，设目标做匀速直线运动，雷达位于 (x_0, y_0)，状态方程为：

$$X(k) = \Phi X(k-1) + Gw(k-1) \tag{7-30}$$

式中，Φ 为状态转移矩阵，G 过程噪声驱动矩阵；$w(k)$ 为过程噪声，$X(k) = [x(k), \dot{x}(k), y(k), \dot{y}(k)]^T$ 为目标状态矢量。

雷达观测方程为：

$$Z(k) = h(X(k)) + v(k-1) \tag{7-31}$$

式中，$h(X(k)) = \begin{bmatrix} \sqrt{(x(k)-x_0)^2 + (y(k)-y_0)^2} \\ \arctan\left(\dfrac{y(k)-y_0}{x(k)-x_0}\right) \end{bmatrix}$，$v(k)$ 为观测噪声，理想情况下为零均值的高斯白噪声，实际情况为"闪烁噪声"。

在雷达目标跟踪中，由于复杂目标不同部位的散射强度和相对相位的随机变化，造成回

波相位波前面的畸变，波前在接收天线口径面上的倾斜和随机摆动必然引起测量误差，尤其是对测量角的影响。这种现象引起的测量噪声称为闪烁噪声。在目标较远、较小时，闪烁影响可以忽略，但是当目标较大、距离较近时，闪烁噪声严重影响跟踪精度。

闪烁噪声分布与高斯分布的主要差别在于其尾部较长，而在中心区域则类似高斯形状。相关文献分析认为，雷达闪烁噪声可以分解为高斯噪声和具有"厚尾"特性的噪声之加权和。常用的"厚尾"分布有拉普拉斯分布、t 分布、均匀分布、大方差的高斯分布等。闪烁噪声概率密度函数可表示为：

$$p(w) = (1-\varepsilon)p_G(w) + \varepsilon p_t(w) \tag{7-32}$$

式中：$p_G(w)$ 表示高斯密度函数；$p_t(w)$ 表示"厚尾"函数；$\varepsilon \in [0,1]$ 表示闪烁效应的强弱。

对闪烁噪声采用不同方差的高斯噪声加权和来建模，闪烁噪声概率密度函数可以表示为：

$$p(w) = (1-\varepsilon)N(w;\mu_1,P_1) + \varepsilon N(w;\mu_2,P_2) \tag{7-33}$$

式中，$N(w;\mu_t,P_t)$ 表示均值为 μ_t、方差为 P_t 的高斯分布在 w 处的概率密度。闪烁噪声的一二阶距为：

$$\mu = E(w) = (1-\varepsilon)\mu_1 + \varepsilon\mu_2 \tag{7-34}$$

$$P = E((w-\mu)(w-\mu)^T) = (1-\varepsilon)P_1 + \varepsilon P_2 + \tilde{P} \tag{7-35}$$

式中，$\tilde{P} = (1-\varepsilon)\mu_1\mu_1^T + \varepsilon\mu_2\mu_2^T - \mu\mu^T$。

假设目标在二维平面内匀速运动，初始位置为 (50, 50)km，初始速度为 (0.3, −0.1)km/s，雷达位于坐标原点，PF 中粒子数目 $N = 300$，采样周期为 1s，做 100 次采样。针对两种观测噪声情况分别用 PF 算法做 100 次蒙特卡洛仿真，得出位置和速度的均方根误差。

1. 高斯噪声情况

雷达的距离观测标准差为 50m，方位角观测标准差为 1°，图 7-18～图 7-19 为利用 PF 算法，目标运动的真实轨迹、观测轨迹和估计轨迹，以及目标 x 方向及 y 方向的位置均方根和速度均方根误差曲线。

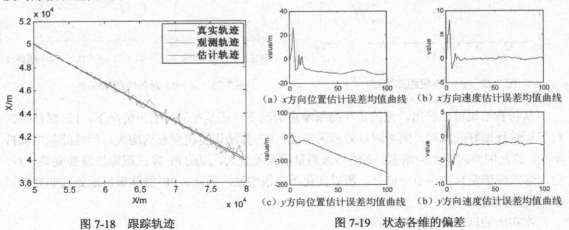

图 7-18　跟踪轨迹　　　　　　　　　　图 7-19　状态各维的偏差

2. 闪烁噪声情况

闪烁噪声情况下，热噪声观测距离标准差为 50m，方位角标准差为 1°；闪烁效应对应的观测距离标准差为 50m，方位角标准差为 5°。图 7-20～图 7-23 给出了不同强度闪烁效应情况下（ε 不同）利用 PF 算法，目标运动的真实轨迹、观测轨迹和估计轨迹，目标 x 方向及 y 方向位置均方根和速度均方根误差曲线。

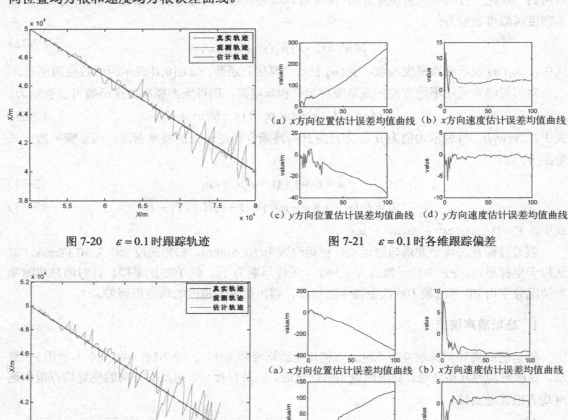

图 7-20　$\varepsilon=0.1$ 时跟踪轨迹　　　　　图 7-21　$\varepsilon=0.1$ 时各维跟踪偏差

图 7-22　$\varepsilon=0.3$ 时跟踪轨迹　　　　　图 7-23　$\varepsilon=0.3$ 时各维跟踪偏差

从仿真结果可以看出，无论是在高斯噪声情况下，还是在闪烁噪声情况下，PF 算法都能对目标进行很好的跟踪，随着闪烁效应的增强，PF 算法误差稍微有点增大，但性能基本保持不变，这是因为闪烁效应增强，必然导致测量的误差变大，因此 PF 算法跟踪性能要变差一点，但闪烁效应毕竟只占很小一部分，所以变化不是很明显。因此，PF 能够很好地处理非高斯问题，性能优越。

本实例的程序清单如图 7-24 所示。

图 7-24　程序清单

主程序 main.m 如下。

```
%%%%%%%%%%%%%%%%%%%%%%%%%%%%%%%%%%%%%%%%%%%%%%%%%%%%%%%%
function main
%初始化相关参数
M=100;                    %采样点数
T=1;                      %采样间隔
N=100;                    %粒子数
number=10;                %Monte Carlo 仿真次数
x0=50000;y0=50000;vx=300;vy=-100;  %目标运动初始状态
delta_w=0.1;              %过程噪声标准差
delta_r=50;               %闪烁噪声下观测距离标准差
delta_theta1=1*pi/180;    %热噪声对应方位角标准差
delta_theta2=5*pi/180;    %闪烁效应对应方位角标准差
eta=0.3;                  %此参数控制噪声形式,=0 为高斯噪声,非零为闪烁噪声
Q=delta_w^2*eye(2);       %过程噪声方差阵
R1=diag([delta_r^2,delta_theta1^2]);
R2=diag([delta_r^2,delta_theta2^2]);
R=(1-eta)*R1+eta*R2;      %测量噪声方差阵
G=[T^2/2,0;T,0;0,T^2/2;0,T];
%%%%%%%%%%%%%%%%%%%%%%%%%%%%%%%%%%%%%%%%%%%%%%%%%%%%%%%%
% 产生真实数据&量测
X=zeros(4,M);
Z=zeros(2,M);
Xn=zeros(2,M);
w=sqrtm(Q)*randn(2,M);
v=sqrtm(R)*randn(2,M);
X(:,1)=[x0,vx,y0,vy]';%初始状态
Z(:,1)=feval('hfun',X(:,1),x0,y0)+v(:,1);
Xn(:,1)=ffun(Z(:,1),x0,y0);
for t=2:M
    X(:,t)=feval('sfun',X(:,t-1),T)+G*w(:,t);%真实数据
    Z(:,t)=feval('hfun',X(:,t),x0,y0)+v(:,t);
    Xn(:,t)=ffun(Z(:,t),x0,y0);%量测
end
%%%%%%%%%%%%%%%%%%%%%%%%%%%%%%%%%%%%%%%%%%%%%%%%%%%%%%%%
% 粒子滤波估计初始化
Xmean_pf=zeros(number,4,M);
for i=1:number
```

```matlab
            Xmean_pf(i,:,1)=X(:,1)+randn(4,1);
        end
        % 开始仿真（number 次）
        for j=1:number
            % 粒子集初始化
            Xparticle_pf=zeros(4,M,N);
            XparticlePred_pf=zeros(4,M,N);
            zPred_pf=zeros(2,M,N);
            weight=zeros(M,N);    % 粒子权值
            %初始化
            for i=1:N
                Xparticle_pf(:,1,i)=[x0,vx,y0,vy]'+20*randn(4,1);
            end
            ww=randn(2,M);
            for t=2:M
                %采样
                for i=1:N
                    XparticlePred_pf(:,t,i)=feval('sfun',Xparticle_pf(:,t-1,i),T)...
                        +G*sqrtm(Q)*ww(:,t-1);
                end
                %重要性权值计算
                for i=1:N
                zPred_pf(:,t,i)=feval('hfun',XparticlePred_pf(:,t,i),x0,y0);
                weight(t,i)=(1-eta)*inv(sqrt(2*pi*det(R1)))*exp(-.5*(Z(:,t)...
                    -zPred_pf(:,t,i))'*inv(R1)*(Z(:,t)-zPred_pf(:,t,i)))...
                    +eta*inv(sqrt(2*pi*det(R2)))*exp(-.5*(Z(:,t)-...
                    zPred_pf(:,t,i))'*inv(R2)*(Z(:,t)-zPred_pf(:,t,i)))...
                    + 1e-99;% 权值计算，为了避免权值为 0，在此加了最小值 1e-99
                end
                weight(t,:)=weight(t,:)./sum(weight(t,:));%归一化权值
                outIndex = randomR(1:N,weight(t,:)');           % random resampling.
                Xparticle_pf(:,t,:) = XparticlePred_pf(:,t,outIndex); % 获取新采样值
                % 状态估计
                mx=mean(Xparticle_pf(1,t,:));
                my=mean(Xparticle_pf(3,t,:));
                mvx=mean(Xparticle_pf(2,t,:));
                mvy=mean(Xparticle_pf(4,t,:));
                Xmean_pf(j,:,t)=[mx,mvx,my,mvy]';
            end
        end
        % 对 number 次蒙特卡洛仿真求最终均值
        Xpf=zeros(4,M);
        for k=1:M
            Xpf(:,k)=[mean(Xmean_pf(:,1,k)),mean(Xmean_pf(:,2,k)),...
                mean(Xmean_pf(:,3,k)),mean(Xmean_pf(:,4,k))]';
        end
```

```
% 求粒子滤波估计状态与真实状态之间的偏差
Div_Of_Xpf_X=Xpf-X;
% 求估计误差标准差,及RMSE
for k=1:M
    sumX=zeros(4,1);
    for j=1:number
        sumX=sumX+(Xmean_pf(j,:,k)'-X(:,k)).^2;
    end
    RMSE(:,k)=sumX/number;
    Div_Std_Xpf(:,k)=sqrt(RMSE(:,k)-Div_Of_Xpf_X(:,k).^2);
end
%%%%%%%%%%%%%%%%%%%%%%%%%%%%%%%%%%%%%%%%%%%%%%%%%%%%%%%%%
figure(1);   % 跟踪轨迹图
plot(X(1,:),X(3,:),'b',Xn(1,:),Xn(2,:),'g',Xpf(1,:),Xpf(3,:),'r');
legend('真实轨迹','观测轨迹','估计轨迹');
xlabel('X/m');ylabel('X/m');
figure(2);
subplot(2,2,1);plot(Div_Of_Xpf_X(1,:),'b');
ylabel('value/m');xlabel('(a)  x方向位置估计误差均值曲线');
subplot(2,2,2);plot(Div_Of_Xpf_X(2,:),'b');
ylabel('value');xlabel('(b)  x方向速度估计误差均值曲线');
subplot(2,2,3);plot(Div_Of_Xpf_X(3,:),'b');
ylabel('value/m');xlabel('(c)  y方向位置估计误差均值曲线');
subplot(2,2,4);plot(Div_Of_Xpf_X(4,:),'b');
ylabel('value');xlabel('(d)  y方向速度估计误差均值曲线');
figure(3);
subplot(2,2,1);plot(Div_Std_Xpf(1,:),'b');
ylabel('value');xlabel('(a)  x方向位置估计误差标准差曲线');
subplot(2,2,2);plot(Div_Std_Xpf(2,:),'b');
ylabel('value');xlabel('(b)  x方向速度估计误差标准差曲线');
subplot(2,2,3);plot(Div_Std_Xpf(3,:),'b');
ylabel('value');xlabel('(c)  y方向位置估计误差标准差曲线');
subplot(2,2,4);plot(Div_Std_Xpf(4,:),'b');
ylabel('value');xlabel('(d)  y方向速度估计误差标准差曲线');
figure(4);
subplot(2,2,1);plot(RMSE(1,:),'b');
ylabel('value');xlabel('(a)  x方向位置估计误差均方根曲线');
subplot(2,2,2);plot(RMSE(2,:),'b');
ylabel('value');xlabel('(b)  x方向速度估计误差均方根曲线');
subplot(2,2,3);plot(RMSE(3,:),'b');
ylabel('value');xlabel('(c)  y方向位置估计误差均方根曲线');
subplot(2,2,4);plot(RMSE(4,:),'b');
ylabel('value');xlabel('(d)  y方向速度估计误差均方根曲线');
%%%%%%%%%%%%%%%%%%%%%%%%%%%%%%%%%%%%%%%%%%%%%%%%%%%%%%%%%
```

ffun.m 文件如下。

```
function [y]=ffun(x,x0,y0)
y=zeros(2,1);
y(1)=x(1)*cos(x(2))+x0;
y(2)=x(1)*sin(x(2))+y0;
```

hfun.m 文件如下。

```
function [y]=hfun(x,x0,y0)
y=zeros(2,1);
y(1)=sqrt((x(1)-x0)^2+(x(3)-y0)^2);
y(2)=atan2((x(3)-y0),((x(1)-x0)));
```

hfun.m 文件如下。

```
function [y]=sfun(x,T)
phi=[1,T,0,0;0,1,0,0;0,0,1,T;0,0,0,1];
y=phi*x;
```

randomR.m 文件如下。

```
function outIndex = randomR(inIndex,q)
outIndex=zeros(size(inIndex));
[num,col]=size(q);
u=rand(num,1);
u=sort(u);
l=cumsum(q);
i=1;
for j=1:num
    while (i<=num)&(u(i)<=l(j))
        outIndex(i)=j;
        i=i+1;
    end
end
```

7.7 小结

  本章重点介绍了粒子滤波在目标跟踪状态估计中的应用，给出了基于测距的和测角的两种观测模型，同时也给出了高斯和非高斯两种模型下的仿真。读者可以在以上算法上进行优化。例如，有些跟踪的状态估计效果并不是很好，这可能是因为噪声大小设置不合理、粒子滤波本身有粒子集退化问题等，因此有很大的空间留给读者去改进。

第8章 粒子滤波在电池寿命估计中的应用

本章介绍粒子滤波在参数估计方面的应用，尤其是在给定观测数据的情况下，如何为系统建模、逼近真实系统，然后用粒子滤波算法对系统状态参数进行估计。

8.1 电池寿命课题背景

目前，世界上各主要发达国家和主要汽车制造商对电动汽车都投入了巨大的人力、物力、财力，历经基础研究、关键技术突破、产品开发和试验，现在已经转入小批量商业化生产和实际应用探索阶段，我国也将电动汽车的研究开发列入"八五"、"九五"国家科技攻关项目，"十五"、"十一五"期间，国家科技部把电动汽车项目列入国家"863"重大专项。动力电池技术是电动汽车发展的关键，动力电池技术的成熟、成本的降低及安全性能的提高是电动汽车能否大规模推广应用的决定性环节，而动力电池的寿命测试规范及寿命预测是动力电池技术中的重要组成部分。

1. 锂动力电池寿命要求及分类

便携式设备（如手机、摄像机、笔记本电脑、数码相机和摄像机等电子产品）要求电池有一定的容量和能量密度，这类产品寿命一般为3~4年；分布式能源供应系统要求电池能够进行循环使用超过3500次，持续10年；备用电源、卫星等设施则需要相当长的寿命，一般都在10年以上，而且使用条件苛刻。电动工具、电动自行车和电动汽车用动力电池也要求具有不少于10年的寿命，包括储存寿命（store life or calendar life）和循环寿命（cycle life）。储存寿命指动力电池在搁置/储存条件（standby/store）下电池性能衰减到某个程度所经历的时间，如美国能源部提出的PNGV、Freedom CAR 发展计划中制定的目标是15年；循环寿命指动力电池在使用条件下性能衰退到某个程度所经历的时间，因为纯电动汽车（EV）和混合动力汽车（HEV）对动力电池的要求不同，所以它们的寿命测试方法也有所区别。

2. 高能量型动力电池

纯电动汽车用高能量型动力电池的循环寿命测试方法，多数以美国先进电池协会编写的EV电池测试手册为基础，测试包括三部分：模拟实际路况的FUDS寿命测试（the auto industry standard Federal Urban Driving Schedule）、DST测试（Dynamic Stress Test）和加速老化DST测试。DST 测试是 FUDS 测试的简化版，它是一组以 360s 为周期的功率变化曲线，如图 8-1 所示，在美国汽车工程师协会制定的电动车辆用电池组循环寿命测试标准及日本电动车辆协会制定的电动汽车用密闭型镍氢电池的寿命测试标准中都采用 DST 测试作为高能量型动力电池循环寿命的测试标准。

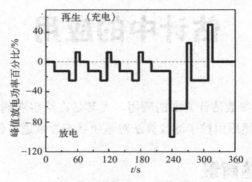

图 8-1　DST 测试示意图

国外的 DST 测试为动态测试，它是以电动汽车实际行驶情况为基础进行的测试，但是应该注意到这是根据国外交通状况定制的。因此，这种测试对于我国动力电池寿命测试标准制定只有一定的借鉴意义，美国的 Freedom CAR 计划对动力电池的技术发展要求也只是我国动力电池技术发展规划的参考。

近年来，我国经济快速发展，各大城市交通流量及路况与美国、欧洲、日本等发达国家存在显著差别。因此，不能简单地套用国外的测试标准，应该根据我国实际交通状况，完善能够体现我国纯电动汽车动力电池使用特点的测试标准。

3. 高功率型动力电池

对于 HEV 用高功率型动力电池，目前国外普遍以美国 Freedom CAR 计划制定的循环寿命测试方法为基础，这是根据 PNGV 计划和 Freedom CAR 计划中规定的动力电池寿命应达到 15 年、里程 241 396.5 km、平均车速 32km/h、浅循环达到 300 000 次为目标而设计的，测试方法见图 8-2。

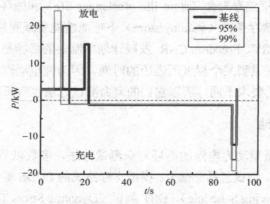

图 8-2　辅助功率最低要求（25Wh）循环寿命测试图

我国 HEV 用高功率动力电池的循环寿命测试，分为单体电池和电池组两部分，每部分均包含常规循环寿命试验和工况循环寿命试验。常规循环寿命试验以 $0.5I_1$(A)电流充电到 80%，以 I_1(A)电流放电至 0%SOC，搁置 1 小时，如此反复循环试验，以图 8-3 所示的步骤循环，当容量小于初始容量 80%时，结束试验，累计总循环次数。

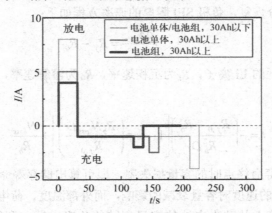

图 8-3 锂离子动力电池单体循环寿命测试图

我国与美国等发达国家的动力电池寿命测试规范明显不同，国外的动力电池寿命测试规范都采用变功率充放电制度，而我国采用变电流充放电制度，两者各有特色，使用变功率充放电制度更接近动力电池的实际使用情况，使用变电流充放电制度则要求的测试条件更简单、更易操作。因此，在进行国内外动力电池循环寿命的比较时，应该首先明确动力电池寿命测试制度的差别，不能单纯对比数据结果。

8.2 电池寿命预测模型

电池储存寿命和循环寿命的预测和评估往往通过加速寿命试验来进行，在寿命试验中锂动力电池阻抗逐渐提高，容量、能量、功率发生不同程度的衰退，直到电池无法进行测试为止。根据电池性能衰退的不同表现形式，分别以容量衰减、功率下降、阻抗增加等为出发点，提出了不同的寿命预测模型。

8.2.1 以容量衰减为基础的储存寿命模型

研究发现，石墨负极的副反应是引起锂动力电池容量衰减的主要原因。Broussely 等人分析了锂电池（$LiCoO_2/Gr$，$LiNi_{0.81}Co_{0.09}O_2/Gr$）在不同温度（15℃、30℃、40℃和 60℃)和不同电压（3.8V、3.9V 和 4.0V）下储存时电池容量的衰减情况，认为负极 SEI 膜形成后，电解液与界面膜表面的副反应会造成锂离子的消耗，引起容量的持续衰减。他们提出的电池储存寿命 t 的模型如下式所示：

$$t = \frac{A}{2B}x^2 + \frac{e_0}{B}x, \quad (A = dn, B = k\gamma s) \tag{8-1}$$

式中，x 是损失的锂离子量，即损失的相对容量比；k、n 和 d 是常数，s、e_0 和 γ 分别表示 SEI 膜面积、厚度和电导率。这一模型中只考虑了温度（15℃～60℃）对电池储存寿命的影响，没有涉及电池电压，具有较大的局限性。

Spotnitz 等人认为电解液中的杂质酸会侵蚀负极 SEI 膜，沉积的部分产物中，锂离子会重新溶解，使容量得到部分恢复，负极 SEI 膜厚的速率方程如下：

$$\frac{dN_{Lis}}{dt} = R_f - R_0 \tag{8-2}$$

式中，N_{Lis} 为 SEI 膜消耗的 Li 离子，R_f 为沉积速率，R_0 为溶解速率，对此式积分得到容量损失的时间方程式：

$$t = -\left(\frac{R_{f,0} - R_b}{R_b^2 D}\right)\left[1 - \exp\left(\frac{R_b N_{loss} D}{R_{f,0}}\right)\right] + \frac{N_{loss}}{R_b} \tag{8-3}$$

只要明确电池达到寿命终点时的容量损失率，即可算出储存寿命。这一方程关注的是负极 SEI 膜中 Li 重新溶解的速度对容量衰减的影响，而外部温度、荷电状态都没有涉及，也存在一定的局限。Liaw 等人从动力电池的容量衰减的角度出发，利用 ECM 等效回路模型（Equivalent Circuit Model, ECM，如图 8-4 所示）来预测电池的储存寿命，而且能模拟出经过老化搁置后电池在不同倍率下的放电行为。

根据此模型，电池在恒流放电条件下的电压 V 可以表示成：

$$Q(t) = \frac{Q(0)}{C}e^{-t/R_2 C} + V_0 - IR_1 - IR_2(1 - e^{-t/R_2 C}) \tag{8-4}$$

式中，$Q(0)$ 是初始容量，V_0 是与 SOC 有关的开路电压，从公式（8-4）看出，端电压是电流与欧姆接触 R_1、电化学反应 R_2 的函数，其中 R_1 为常数，R_2 则随着老化搁置时间呈现非线性的变化，拟合公式如下：

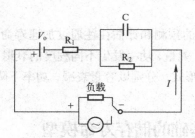

图 8-4 ECM 等效回路模型

$$R_2 = a + b(\text{SOC})^C + d * \exp[(1 - \text{SOC})^2] \tag{8-5}$$

式中，a、b、c、d 和 e 均是电池 SOC 与老化时间的函数。实验发现，电池内阻随老化时间逐渐提高，并且在较低 SOC 下老化搁置的电池内阻提高越明显，由此使电池容量以更快的速度衰减。这一模型以 SOC 为主要变量，但是无法引入温度这一影响储存寿命的主要因素，同样具有局限性。

8.2.2 以阻抗增加、功率衰退为基础的储存寿命模型

Wright 等人针对（$LiNi_{0.8}Co_{0.2}O_2/Gr$）动力电池，在 60%和 80% SOC 处进行多个温度（40℃～70℃）的储存寿命测试，以电池放电/再生电阻的变化为基础，提出了完全经验模型，如下式所示：

$$R_{dschage,regen} = a(SOC)\left\{\exp\left[\frac{b(SOC)}{T}\right]\right\}t^{\frac{1}{2}} + c(SOC)\{\exp[d(SOC)/T]\} \tag{8-6}$$

式中，参数 a、b、c 和 d 分别是电池 SOC、T 的函数。试验数据表明，SOC 与温度存在交互作用，温度超过 70℃后，电池电阻增长方式发生变化，说明老化机理发生改变，因此只有低于 70℃时的试验才有意义。Thomas 等人根据高功率型动力电池（$LiNi_{0.8}Co_{0.15}Al_{0.05}O_2/Gr$）的功率衰退相对值与时间、温度（25℃～55℃）和 SOC（60%、80%和 100%）的实验数据，推导出这种电池储存寿命的完全经验模型，他们发现电池功率在寿命测试前 4 周快速下降，4 周之后功率的衰退与老化时间成 3/2 次方的关系，同时与温度存在 Arrehenius 关系，经验公式为：

$$\hat{Y}(t;T;SOC) = \frac{\exp(\hat{a}_0 + \hat{a}_1(1/T))}{1 + \exp(\hat{a}_0 + \hat{a}_1(1/T))} - \exp\left(\hat{b}_0 + \hat{b}_1 \times \frac{1}{T} + \hat{b}_2 \times SOC\right) \times t^{\frac{3}{2}} \tag{8-7}$$

式中，Y 是功率的相对衰退率；a_0、a_1、b_0、b_1 和 b_2 是模型参数的估计值；t 是电池的储存时间。这样，电池在某组（T,SOC）下的储存寿命估计值可以表示成公式：

$$\hat{t}_{life} = \left[\frac{\left(\exp\left(\hat{a}_0 + \hat{a}_1\left(\frac{1}{T}\right)\right)\right)/(1 + \exp(\hat{a}_0 + \hat{a}_1(1/T)))}{\exp\left(\hat{b}_0 + \hat{b}_1 \times \frac{1}{T} + \hat{b}_2 \times SOC\right)}\right]^{3/2} \tag{8-8}$$

这个经验模型只适用于 $LiNi_{0.8}Co_{0.15}Al_{0.05}O_2$ 动力电池储存 4 周以上（低于 55℃），以及功率衰退不超过 40%的情况。Bloom 等人对第二代锂动力电池也进行了寿命方面的研究，发现电池阻抗随老化、循环时间呈前后两个明显的变化阶段，拟合的公式如下：

$$Z_{ASI} = Z_{ASI_0} + at^{1/2} + c(t-t_0), (c=0, t<t_0) \tag{8-9}$$

式中，Z_{ASI} 是面积比阻抗，t_0 是 Z_{ASI} 变化规律发生改变的时间，a 和 c 可能与电池的老化温度、SOC 及充放电制度有关，Bloom 等人并没有对此进行深入研究。

8.2.3 以阻抗增加、功率衰退为基础的循环寿命模型

Randy 等人针对（$LiNi_{0.8}Co_{0.2}O_2/Gr$）动力电池，在 60%和 80% SOC 处多个温度（40℃～70℃）下进行加速寿命测试，电池 SOC 变化幅度分别为 3%、6%和 9%，根据电池电阻与温度、SOC 与Δ%SOC 的变化，提出了完全经验模型：

$$R(t,T,SOC,\Delta\%SOC) = A(T,SOC,\Delta\%SOC)t^{1/2} + B(T,SOC,\Delta\%SOC) \tag{8-10}$$

式中：
$$A = a(SOC, \Delta\%SOC)\{\exp[b(SOC, \Delta\%SOC)/T]\}$$
$$B = c(SOC, \Delta\%SOC)\{\exp[d(SOC, \Delta\%SOC)/T]\}$$

这种循环寿命的经验模型与 Wright 等人提出的储存寿命经验模型非常相似，区别只在于影响因素中出现了代表循环条件及荷电状态变化幅度的变量 $\Delta\%SOC$。Jon 等人对第二代锂离子电池提出了循环寿命的双 Sigmoid 模型（Double-Sigmoid Model，DSM）。多 Sigmoid 模型（Multiple Sigmoid Model，MSM）是基于人工神经网络原理的一种预测模型，利用这种模型不仅拟合程度高，还能够准确预测功率衰退到 50%时的寿命。

8.2.4 以容量衰减为基础的循环寿命模型

Ramadass 等人认为，循环过程中电池 SOC 的下降表明电池嵌入/脱出锂离子的损失，SEI 膜电阻的提高引起电池放电电压降低，电极扩散系数的降低造成电池大倍率放电容量的衰减，他们根据第一性原理提出预测电池容量衰减的循环寿命半经验模型，通过电极 SOC、SEI 膜电阻和扩散系数的变化来定量研究电池循环容量的衰减。这一模型可以模拟出锂电池在不同循环次数时的放电曲线及容量，但是无法解决充电截止电压（End of Charged Voltage，EOCV）和放电深度（Depth of Discharged，DOD）对电池循环寿命的影响问题。

Gang 等人定量分析了 EOCV 和 DOD 对电池循环寿命的影响，提出的通用循环寿命模型弥补了这个缺点，他们认为锂离子的损失是由电极电化学副反应和阳极膜电阻造成的，实验证实这一模型适用在多种循环制度。黎火林等人根据可靠性试验理论与加速寿命试验的基本原理，以温度和充放电电流为加速应力，提出了电池容量衰减的修正模型：

$$C_r(n_c, T, I) = (ae^{\frac{a}{T}} + bI^\beta + c)n_c^{(le^{\frac{\lambda}{T}} + mI^\eta + f)} \tag{8-11}$$

式中，C_r 为容量衰减率，n_c 为循环次数，I 为放电电流。

8.3 基于粒子滤波的电池寿命预测仿真程序

电池容量衰减服从等式[3]：

$$Q = a*\exp(b*k) + c*\exp(d*k) \tag{8-12}$$

式中，Q 为电池容量，k 为循环次数。Q，a，b，c，d 含有噪声。噪声为高斯白噪声，均值为 0，方差未知。在这里给出预测模型的状态：

$$X(k) = \begin{bmatrix} a(k) & b(k) & c(k) & d(k) \end{bmatrix}^T$$

则状态方程为：

$$\begin{cases} a(k+1) = a(k) + w_a(k), & w_a \sim N(0, \sigma_a) \\ b(k+1) = b(k) + w_b(k), & w_b \sim N(0, \sigma_b) \\ c(k+1) = c(k) + w_c(k), & w_c \sim N(0, \sigma_c) \\ d(k+1) = d(k) + w_d(k), & w_d \sim N(0, \sigma_d) \end{cases} \tag{8-13}$$

观测方程为：

$$Q(k) = a(k)\exp(b(k)*k) + c(k)\exp(d(k)*k) + v(k) \quad (8\text{-}14)$$

其中测量噪声为均值为 0、方差为 σ_v 的高斯白噪声，即 $v(k) \sim N(0, \sigma_v)$。

这里给出美国马里兰大学实验室环境下测试得到的电池的容量退化原始数据 Battery_Capacity.dat（此数据在本书配套的电子资料中能找到），编写程序将该数据加载在 MATLAB 中显示。

```
%%%%%%%%%%%%%%%%%%%%%%%%%%%%%%%%%%%%%%%%%%%%%
% 函数说明：加载并显示电池数据
functionLoadDataTest
% Battery_Capacity 是来自美国马里兰大学关于电池测试的实验室数据
loadBattery_Capacity
% 画图显示
figure
hold on;
box on;
plot(A3Cycle,A3Capacity,'-g*');
plot(A5Cycle,A5Capacity,'r*')
plot(A8Cycle,A8Capacity,'-b*')
plot(A12Cycle,A12Capacity,'m*')
%%%%%%%%%%%%%%%%%%%%%%%%%%%%%%%%%%%%%%%%%%%%%
```

得到如图 8-5 所示的结果。从图中可以看出，随着充放电次数的增加，电池能储存的能量在逐渐变小。横坐标代表充放电循环次数，完成一次充放电即为一个循环周期。纵坐标为容量数据，这里已经归一化处理过了。当 capacity=0.7 时，就说明电池达到失效点了。

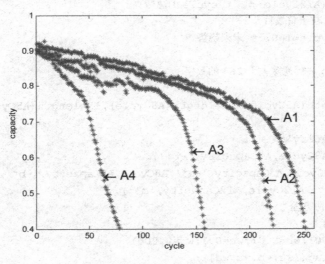

图 8-5　电池容量退化数据

现在需要做的工作就是根据电池早期的容量测量数据来建立预测曲线，并预测再经过多少个循环电池会失效。例如，已知 A4 电池前面 30 个循环的容量测量数据，可以用粒子滤波来对这 30 个数据进行滤波优化，得到一组前期的状态值 a, b, c, d，那么可以利用这组优化的数据拟合建立预测方程。

我们知道，做卡尔曼滤波或粒子滤波算法，一般都要状态的初始值，那么此处 a, b, c, d 的初始值可以用曲线拟合工具箱拟合前 n 个数据，分别得到 A1、A2、A3 前 n 个数据的平均值，如表 8-1 所示。

表 8-1 初始值拟合结果

	a	b	c	d
A1	-2.403e-006	0.04681	0.9249	-0.0009156
A2	-8.867e-007	0.05802	0.9002	-0.000841
A3	-2.176e-005	0.06088	0.8778	-0.0008997

取状态的初始值为：

$$[a_0, b_0, c_0, d_0]^\mathrm{T} = [-0.000083499, 0.055237, 0.90097, -0.00088543]^\mathrm{T}$$

编写 MATLAB 仿真程序如下。

```
%%%%%%%%%%%%%%%%%%%%%%%%%%%%%%%%%%%%%%%%%%%%%%%%%%%
% 函数功能：粒子滤波用于电源寿命预测
function main
%%%%%%%%%%%%%%%%%%%%%%%%%%%%%%%%%%%%%%%%%%%%%%%%%%%
% 初始化
% 运行程序时需要将 Battery_Capacity.mat 文件复制到程序所在文件夹
loadBattery_Capacity
N=length(A12Cycle);    % cycle 的总数
M=200; % 粒子总数目
Future_Cycle=100; % 未来趋势
if N>260
    N=260;   % 滤除大于 260 的数字
end
% l1=length(A3Cycle),l2=length(A8Cycle),l3=length(A5Cycle),l4=length(A12Cycle)
% %A8Capacity'
% %plot(A8Cycle,A8Capacity,'-b*')
% plot(A3Cycle,A3Capacity,'-g*',A8Cycle,A8Capacity,'-b*',A5Cycle,
A5Capacity,'r*',A12Cycle,A12Capacity,'m*');
% 过程噪声协方差 Q
cita=1e-4
wa=0.000001;wb=0.01;wc=0.1;wd=0.0001;
Q=cita*diag([wa,wb,wc,wd]);
% 驱动矩阵
F=eye(4);
% 观测噪声协方差
```

```
R=0.001;
% a,b,c,d 赋初值
a=-0.0000083499;b=0.055237;c=0.90097;d=-0.00088543;
X0=[a,b,c,d]';
% 滤波器状态初始化
Xpf=zeros(4,N);
Xpf(:,1)=X0;
% 粒子集初始化
Xm=zeros(4,M,N);
for i=1:M
    Xm(:,i,1)=X0+sqrtm(Q)*randn(4,1);
end
% 观测量
Z(1,1:N)=A12Capacity(1:N,:)';
% 滤波器预测观测 Zm 与 Xm 对应
Zm=zeros(1,M,N);
% 滤波器滤波后的观测 Zpf 与 Xpf 对应
Zpf=zeros(1,N);
% 权值初始化
W=zeros(N,M);
%%%%%%%%%%%%%%%%%%%%%%%%%%%%%%%%%%%%%%%%%%%%%%%%%%%%%%%%%%
%  粒子滤波算法
for k=2:N
    % 采样
    for i=1:M
        Xm(:,i,k)=F*Xm(:,i,k-1)+sqrtm(Q)*randn(4,1);
    end
    % 重要性权值计算
    for i=1:M
        % 观测预测
        Zm(1,i,k)=feval('hfun',Xm(:,i,k),k);
        % 重要性权值
        W(k,i)=exp(-(Z(1,k)-Zm(1,i,k))^2/2/R)+1e-99;
    end
    % 归一化权值
    W(k,:)=W(k,:)./sum(W(k,:));
    % 重新采样
    outIndex = residualR(1:M,W(k,:)');           % 随机重采样
    % 得到新的样本集
    Xm(:,:,k)=Xm(:,outIndex,k);
    % 滤波器滤波后的状态更新为:
    Xpf(:,k)=[mean(Xm(1,:,k));mean(Xm(2,:,k));mean(Xm(3,:,k));mean(Xm(4,:,k))];
    % 用更新后的状态计算 Q(k)
    Zpf(1,k)=feval('hfun',Xpf(:,k),k);
end
```

```matlab
%%%%%%%%%%%%%%%%%%%%%%%%%%%%%%%%%%%%%%%%%%%%%%%%%%%%%%%%%%%%%%%%%%%%%%%%%
% 预测未来电容的趋势
% 这里只选择 Xpf(:,start) 点的估计值，按道理是要对前期滤波得到的值做个整体处理的
% 由此导致预测不准确，后续的工作请好好处理 Xpf(:,1: start)，这个矩阵的数据，平滑
% 处理 a，b,c,d 然后代入方程预测未来，方能的到更好地效果
start=N-Future_Cycle
for k=start:N
    Zf(1,k-start+1)=feval('hfun',Xpf(:,start),k);
    Xf(1,k-start+1)=k;
end
%%%%%%%%%%%%%%%%%%%%%%%%%%%%%%%%%%%%%%%%%%%%%%%%%%%%%%%%%%%%%%%%%%%%%%%%%
Xreal=[a*ones(1,M);b*ones(1,M);c*ones(1,M);d*ones(1,M)];
figure
subplot(2,2,1);
hold on;box on;
plot(Xpf(1,:),'-r.');plot(Xreal(1,:),'-b.')
legend('粒子滤波后的 a','平均值 a')
subplot(2,2,2);
hold on;box on;
plot(Xpf(2,:),'-r.');plot(Xreal(2,:),'-b.')
legend('粒子滤波后的 b','平均值 b')
subplot(2,2,3);
hold on;box on;
plot(Xpf(3,:),'-r.');plot(Xreal(3,:),'-b.')
legend('粒子滤波后的 c','平均值 c')
subplot(2,2,4);
hold on;box on;
plot(Xpf(4,:),'-r.');plot(Xreal(4,:),'-b.')
legend('粒子滤波后的 d','平均值 d')
%%%%%%%%%%%%%%%%%%%%%%%%%%%%%%%%%%%%%%%%%%%%%%%%%%%%%%%%%%%%%%%%%%%%%%%%%
% 画图
figure
hold on;box on;
plot(Z,'-b.')     % 实验数据，实际测量数据
plot(Zpf,'-r.')   % 滤波器滤波后的数据
plot(Xf,Zf,'-g.') % 预测的电容
bar(start,1,'y')
legend('实验测量数据','滤波估计数据','自然预测数据')
%%%%%%%%%%%%%%%%%%%%%%%%%%%%%%%%%%%%%%%%%%%%%%%%%%%%%%%%%%%%%%%%%%%%%%%%%
% 子函数功能：         参数拟合 a,b,c,d
% 非线性函数方程：    Q(k)=a*exp(b*k)+c*exp(d*k)
% 其中 Q(k),k 通过 Battery_Capacity 文件给定
function [a,b,c,d]=para_fit(n)
% n 是控制读取 Battery_Capacity 文件数据前 n 个数据
load Battery_Capacity
% x=A3Cycle'
% y=A3Capacity'
```

```
%       colum=length(A3Cycle)
cftool(A3Cycle,A3Capacity)
cftool(A8Cycle,A8Capacity)
cftool(A5Cycle,A5Capacity)
cftool(A12Cycle,A12Capacity)
%         a =        -3702    (-1.152e+011, 1.152e+011)
%         b =        0.1831   (-1302, 1302)
%         c =         3702    (-1.152e+011, 1.152e+011)
%         d =        0.183    (-1302, 1302)
%%%%%%%%%%%%%%%%%%%%%%%%%%%%%%%%%%%%%%%%%%%%%%%%%%%%%%%%%
子函数名称：电容的观测函数
function Q=hfun(X,k)
Q=X(1)*exp(X(2)*k)+X(3)*exp(X(4)*k);
%%%%%%%%%%%%%%%%%%%%%%%%%%%%%%%%%%%%%%%%%%%%%%%%%%%%%%%%%
% 子函数名称：随机采样子函数，粒子滤波重采样用
function outIndex = residualR(inIndex,q)
    if nargin < 2
    error('Not enough input arguments.');
end
[S,arb] = size(q);
N_babies= zeros(1,S);
q_res = S.*q';
N_babies = fix(q_res);
N_res=S-sum(N_babies);
if (N_res~=0)
    q_res=(q_res-N_babies)/N_res;
    cumDist= cumsum(q_res);
    u = fliplr(cumprod(rand(1,N_res).^(1./(N_res:-1:1))));
    j=1;
    for i=1:N_res
      while (u(1,i)>cumDist(1,j))
        j=j+1;
      end
      N_babies(1,j)=N_babies(1,j)+1;
    end;
  end;
  index=1;
  for i=1:S
    if (N_babies(1,i)>0)
      for j=index:index+N_babies(1,i)-1
        outIndex(j) = inIndex(i);
      end;
    end;
    index= index+N_babies(1,i);
  end
%%%%%%%%%%%%%%%%%%%%%%%%%%%%%%%%%%%%%%%%%%%%%%%%%%%%%%%%%
```

运行程序，得到以下仿真结果，从图 8-6 中可以看出，数据在 cycle=160 点以前，粒子滤波算法主要根据 Q 的观测数据，滤波后得到 a，b，c，d 的值；在 160 点以后，利用前期滤波得到的 a，b，c，d 的值，预测未来 100 个循环的趋势。图中深色曲线是根据粒子滤波预测的未来趋势，浅色曲线是根据 160 循环点上的未做任何处理的值预测得到的结果，可见，粒子滤波预测的结果比较好地与真实值吻合。

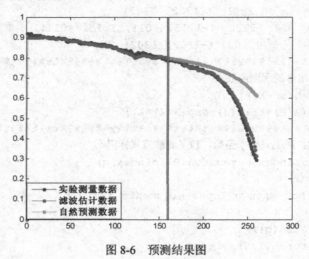

图 8-6　预测结果图

图 8-7 是进一步分析状态各维 a、b、c、d 数据的滤波估计结果，可见各维数据有一定的起伏变化。本程序未对滤波后的数据做拟合，因此建议该领域的研究者能在滤波结果的基础上再做一次拟合，然后建立预测方程，这样处理能使其对未来 N 个数据点的预测更加准确。

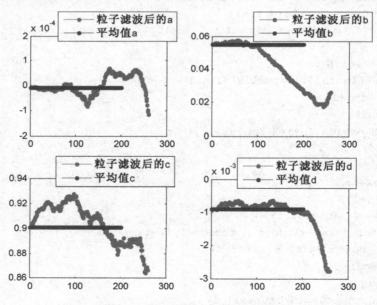

图 8-7　滤波估计的 4 个状态参数

8.4 小结

本章主要介绍粒子滤波在参数估计领域中的应用，在介绍电池寿命估计的背景资料和电池预测建模过程中，引用了参考文献[1]中的内容，在此对原作者表示感谢。建议读者阅读本章的参考文献。

8.5 参考文献

[1] 高飞，李建玲，赵淑红，王子冬. 锂动力电池寿命预测研究进展[J]. 电子元件与材料，2009，28(6)：1-11.

[2] 刘大同，周建宝，郭力萌，彭宇. 锂离子电池健康评估和寿命预测综述[J]. 仪器仪表学报，2015，36(1).

[3] Heng-Juan Cui, Qiang Miao*, Wei Liang, ZhonglaiWang. Application of Unscented Particle Filter in Remaining Useful Life Prediction of Lithium-ion Batteries[C]. Prognostics&System Health Management Conference, Beijing,China, 2012.

第 9 章 Simulink 仿真

Simulink 是 MATLAB 软件的扩展,是实现动态系统建模和仿真的一个软件包。它与 MATLAB 语言的主要区别是,其与用户交互的接口基于 Windows 的模型化图形输入,使用户可以把更多的精力投入到系统模型的构建中。本章重点介绍在 Simulink 环境下如何使用系统库模块和自定义模块来构建目标跟踪模型,并做算法仿真。

9.1 Simulink 概述

1990 年,MathWorks 软件公司为 MATLAB 提供了新的系统模型化输入与仿真工具,并命名为 Simulab,该工具很快就在工程界获得了广泛的认可,使仿真软件进入了模型化图形组态阶段,但因其名字与当时比较著名的软件 Simula 类似,所以在 1992 年正式将该软件更名为 Simulink。

Simulink 的出现为系统仿真与设计带来了福音。顾名思义,该软件有两个主要功能:Simu(仿真)和 Link(连接),即该软件可以利用鼠标在模型窗口上绘制出所需要的仿真系统模型,然后利用 Simulink 提供的功能来对系统进行仿真和分析。

Simulink 是 MATLAB 软件的扩展,是实现动态系统建模和仿真的一个软件包。它与 MATLAB 语言的主要区别是,其与用户交互接口是基于 Windows 的模型化图形输入,使用户可以把更多的精力投入到系统模型的构建中,而非语言的编程上。但是,要在 Simulink 上做出有个性的仿真,必须掌握一定的编程方法,尤其是一些自定义模块和 S 函数的设计与应用。

9.1.1 Simulink 启动

Simulink 的启动有两种方式:一种是启动 MATLAB 后,单击 MATLAB 主窗口的快捷按钮 ,打开 Simulink Library Brower 窗口,如图 9-1 所示。另一种方式是在 MATLAB 命令窗口中输入 simulink,然后按回车键,则弹出 Simulink Library Brower 窗口。

另外,在 MATLAB 命令窗口中输入 simulink3,结果是在桌面上出现一个用图标形式显示的 Library:simulink3 的 Simulink 模块库窗口,如图 9-2 所示。这两种模块窗口界面只是不同的显示形式,用户可以根据自己的喜好进行选择。一般来说,图 9-1 所示窗口直观、形象,易于初学者使用,但使用时会打开太多的子窗口。

Simulink 启动后,在 Simulink Library Brower 窗口菜单中选择 File→New→Model,或者单击 File 菜单下第一个快捷键口,便能新建一个未命名的仿真编辑窗口,如图 9-3 所示。

第 9 章 Simulink 仿真

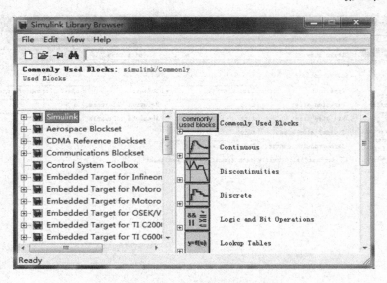

图 9-1　Simulink 模块库浏览界面

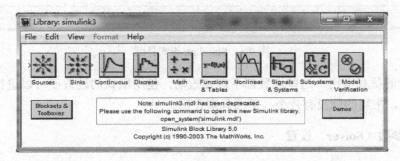

图 9-2　Simulink3 模块库浏览界面

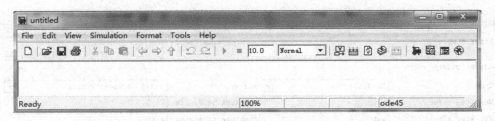

图 9-3　Simulink 仿真编辑窗口

9.1.2　Simulink 仿真设置

在图 9-3 中建立好模型，编辑好程序之后，需要设置仿真操作参数。单击 Simulation 菜单下面的 "Configuration Parameters" 选项或直接按快捷键 Ctrl+E，便弹出如图 9-4 所示的设置界面，它包括仿真器参数（Solver）设置、工作空间数据导入/导出（Data Import/Export）设置、优化（Optimization）设置、诊断参数（Diagnostics）设置、硬件实现（Hardware Implementation）设置、模型引用（Model Referencing）设置等。

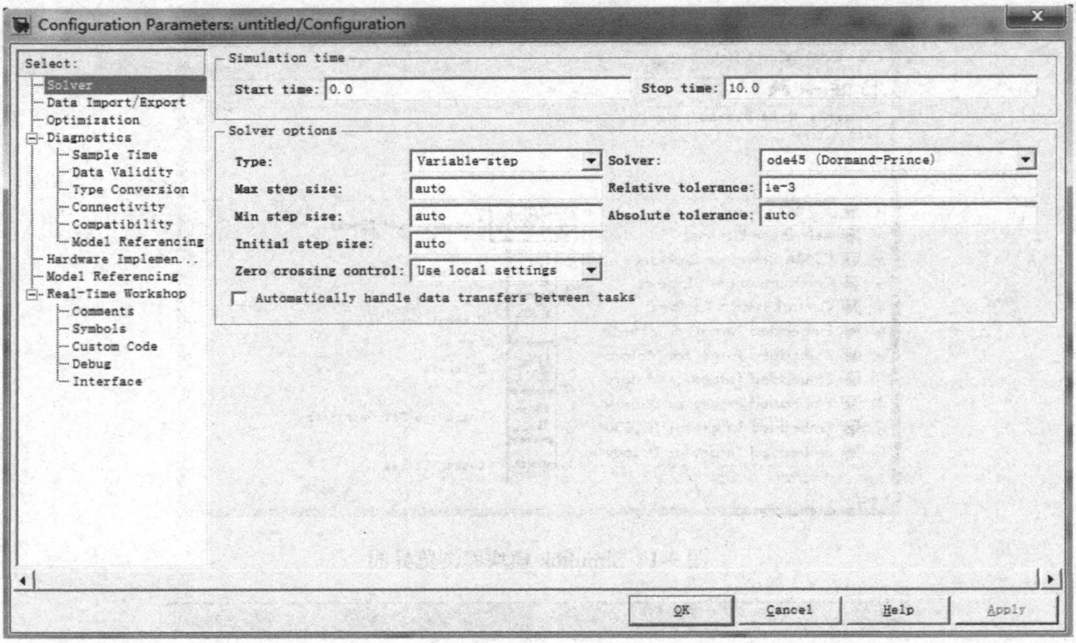

图 9-4 Simulink 设置界面

对于一般的仿真应用,这些设置都不需要改动,使用默认的设置便可以进行仿真,虽然设置的项很多,常用的则没有几个,下面分别介绍。

1. 仿真参数(Solver)设置

仿真参数设置窗口如图 9-5 所示,它可进行仿真开始时间、仿真结束时间、解法器及输出选项等的选择。

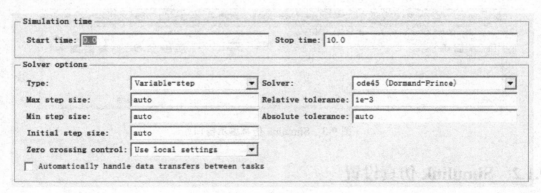

图 9-5 仿真参数设置窗口

(1)仿真时间

注意这里的时间概念与真实的时间并不一样,只是计算机仿真中对时间的一种表示,如 10s 的仿真时间,如果采样步长定为 0.1,则需要执行 100 步,若把步长减小,则采样点数增加，那么实际执行时间就会增加。一般仿真开始时间设为 0，而结束时间视不同的因素来选择。总的说来，执行一次仿真要耗费的时间依赖于很多因素，包括模型的复杂程度、解法器及其步长的选择、计算机时钟的速度等。

（2）仿真步长模式

用户在 Type 后面的第一个下拉列表框中指定仿真的步长选取方式，可供选择的有 Variable-step（变步长）和 Fixed-step（固定步长）模式。变步长模式下可以在仿真的过程中改变步长，提供误差控制和过零检测。固定步长模式在仿真过程中提供固定的步长，不提供误差控制和过零检测。用户还可以在第二个下拉列表框中选择对应模式下仿真所采用的算法。

变步长模式解法器有：ode45、ode23、ode113、ode15s、ode23s、ode23t、ode23tb 和 discrete。

ode45：默认值，四/五阶龙格-库塔法，适用于大多数连续或离散系统，但不适用于刚性（stiff）系统。它是单步解法器，即在计算 $y(t_n)$ 时，它仅需要最近处理时刻的结果 $y(t_{n-1})$。一般来说，面对一个仿真问题时最好首先试试 ode45。

ode23：二/三阶龙格-库塔法，它在误差限要求不高和求解的问题不太难的情况下，可能会比 ode45 更有效。ode23 也是一个单步解法器。

ode113：是一种阶数可变的解法器，在误差容许要求严格的情况下通常比 ode45 有效。ode113 是一种多步解法器，也就是在计算当前时刻输出时，它需要以前多个时刻的解。

ode15s：是一种基于数字微分公式的解法器（NDFs），也是一种多步解法器，适用于刚性系统，当用户估计要解决的问题比较困难，或者不能使用 ode45，或者即使使用效果也不好时，就可以用 ode15s。

ode23s：是一种单步解法器，专门应用于刚性系统，在弱误差允许下的效果好于 ode15s。它能解决某些 ode15s 所不能有效解决的 stiff 问题。

ode23t：是梯形规则的一种自由插值实现。这种解法器适用于求解适度 stiff 的问题而用户又需要一个无数字振荡的解法器的情况。

ode23tb：是 TR-BDF2 的一种实现，TR-BDF2 是具有两个阶段的隐式龙格-库塔公式。

discrtet：Simulink 检查到模型没有连续状态时使用它。

固定步长模式解法器有：ode5、ode4、ode3、ode2、ode1 和 discrete。

ode5：默认值，是 ode45 的固定步长版本，适用于大多数连续或离散系统，不适用于刚性系统。

ode4：四阶龙格-库塔法，具有一定的计算精度。

ode3：固定步长的二/三阶龙格-库塔法。

ode2：改进的欧拉法。

ode1：欧拉法。

discrete：是一个实现积分的固定步长解法器，它适合于离散无连续状态的系统。

（3）步长参数

对于变步长模式，用户可以设置最大的和推荐的初始步长参数，默认情况下，步长自动确定，它由值 auto 表示。

Maximum step size（最大步长参数）：它决定了解法器能够使用的最大时间步长，它的默认值为"仿真时间/50",即整个仿真过程中至少取 50 个取样点,但这样的取法对于仿真时间较长的系统则可能带来取样点过于稀疏,从而使仿真结果失真。一般来说,对于仿真时间不超过 15s 的情况,采用默认值即可;对于超过 15s 的情况,每秒至少保证 5 个采样点;对于超过 100s 的情况,每秒至少保证 3 个采样点。

Initial step size(初始步长参数):一般建议使用"auto"默认值。

(4)仿真精度的定义

Relative tolerance(相对误差):误差相对于状态的值,是一个百分比,默认值为 1e-3,表示状态的计算值要精确到 0.1%。

Absolute tolerance(绝对误差):表示误差值的门限,或者说在状态值为零的情况下可以接受的误差。如果它被设成了 auto,那么 simulink 为每一个状态设置初始绝对误差为 1e-6。

(5)Mode(固定步长模式选择)

Multitasking:选择这种模式时,当 simulink 检测到模块间非法的采样速率转换时,它会给出错误提示。所谓的非法采样速率转换指两个工作在不同采样速率的模块之间的直接连接。在实时多任务系统中,如果任务之间存在非法采样速率转换,那么就有可能出现一个模块的输出在另一个模块需要时无法利用的情况。通过检查这种转换,Multitasking 将有助于用户建立一个符合现实的多任务系统的有效模型。使用速率转换模块可以减少模型中的非法速率转换。

Simulink 提供了两个这样的模块:unit delay 模块和 zero-order hold 模块。对于从慢速率到快速率的非法转换,可以在慢输出端口和快输入端口插入一个单位延时(unit delay)模块。而对于快速率到慢速率的转换,则可以插入一个零阶采样保持器(zero-order hold)。

Singletasking:这种模式不检查模块间的速率转换,它在建立单任务系统模型时非常有用,在这种系统中不存在任务同步问题。

Auto:这种模式下,simulink 会根据模型中模块的采样速率是否一致自动决定是否切换到 multitasking 和 singletasking。

(6)输出选项

Refine output:这个选项可以理解成精细输出,其意义是在仿真输出太稀疏时,simulink 会产生额外的精细输出,这一点就像插值处理一样。用户可以在 refine factor 设置仿真时间步间插入的输出点数。

要产生更光滑的输出曲线,改变精细因子比减小仿真步长更有效。精细输出只能在变步长模式中才能使用,并且在 ode45 中效果最好。

Produce additional output:它允许用户直接指定产生输出的时间点。一旦选择了该项,则在它的右边出现一个 output times 文本框,在这里用户可以指定额外的仿真输出点,它既可以是一个时间向量,也可以是表达式。与精细因子相比,这个选项会改变仿真的步长。

Produce specified output only:它的意思是让 simulink 只在指定的时间点上产生输出。为此解法器要调整仿真步长以使之和指定的时间点重合。这个选项在比较不同的仿真时可以确保它们在相同的时间输出。

2. 工作空间数据导入/导出设置

工作空间数据导入/导出设置窗口如图 9-6 所示，它主要用于在 Simulink 与 MATLAB 工作空间交换数值的有关选项设置，包括 Load from workspace、Save to workspace 和 Save options 三个选项。

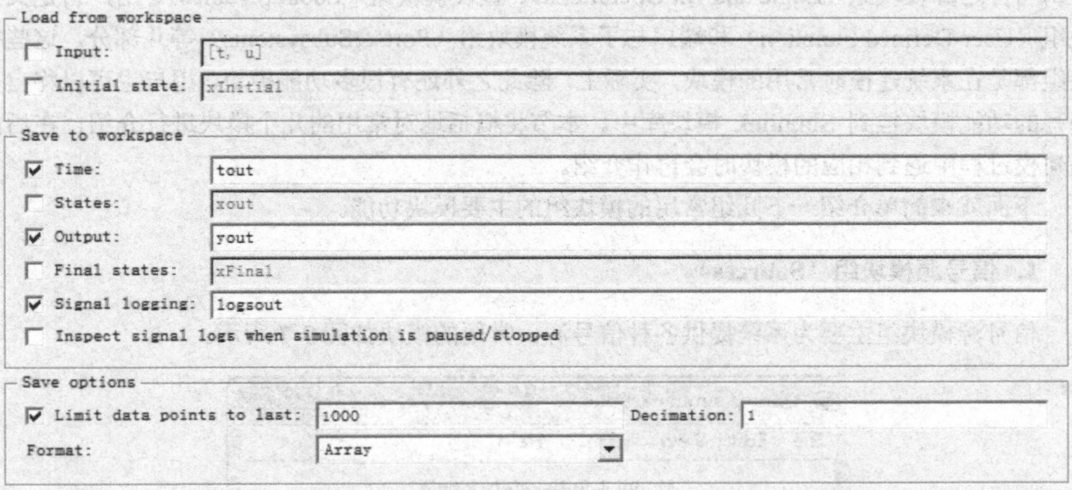

图 9-6　工作空间数据导入/导出设置窗口

Load from workspace：选中前面的复选框，即可从 MATLAB 工作空间获取时间和输入变量，一般时间变量定义为 t，输入变量定义为 u。Initial state 用来定义从 MATLAB 工作空间获得的状态初始值的变量名。

Save to workspace：用来设置存在于 MATLAB 工作空间的变量类型和变量名，选中变量类型前的复选框使相应的变量有效，一般存在于工作空间的变量包括输出时间向量（Time）、状态向量（States）和输出变量（Output）。Final states 用来定义将系统稳态值存往工作空间时所用的变量名。

Save options：用来设置存往工作空间的有关选项。Limit data points to last 用来设置 Simulink 仿真结果最终可存往 MATLAB 工作空间的变量的规模，对于向量而言即其维数，对于矩阵而言即其秩。Decimation 设置了一个亚采样因子，它的默认值为 1，也就是保存每一个仿真时间点产生值，若为 2，则每隔一个仿真时刻才保存一个值。Format 用来说明返回数据的格式，包括矩阵 matrix、结构 struct 及带时间的结构 struct with time。

3. 诊断参数设置

诊断参数设置主要包括采样时间、数据有效性、类型转换、连接性、兼容性、保存和模型引用这几个子项的诊断。用户可以设置当 Simulink 检查到这些子项事件时应做的处理，主要包括是否进行一致性检验、是否禁止复用缓存、是否进行不同版本的 Simulink 的检验等。

9.1.3 Simulink 模块库简介

标准的 Simulink 模块库包括信号源模块组（Sources）、输出池模块组（Sinks）、连续模块组（Continuous）、离散模块组（Discrete）、非线性模块组（Discontinuities）、信号路径模块组（Signal Routing）、信号属性模块组（Signal Attributes）、数学运算模块组（Math Operations）、逻辑与位运算模块组（Logic and Bit Operations）、查表模块组（Lookup Tables）、用户自定义模块组（User-Defined Function）和端口与子系统模块组（Ports&Subsystems）等几部分。这些模块组都是在系统建模时常用的模块，实际上，除此之外还有很多功能模块，用户也可以将自己编写的功能模块挂到 Simulink 模块库中。本节将概括地对常用的几个模块进行介绍，在后面的建模过程中遇到相应的模块时会再作介绍。

下面就来简单介绍一下几组常用的模块组的主要模块功能。

1. 信号源模块组（Sources）

信号源模块组主要为系统提供各种信号源，常用的模块如图 9-7 所示。

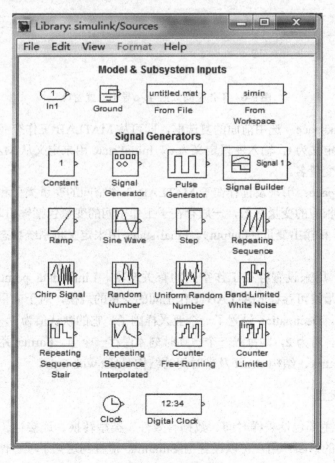

图 9-7 信号源模块

（1）Sine Wave：生成正弦波，是比较常用的信号发生源。
（2）Ramp：生成斜坡信号。
（3）Step：生成阶跃信号。
（4）Chirp Signal：生成一个频率递增的正弦波。
（5）Random Number：生成高斯分布的随机信号，是比较常用的信号发生源。
（6）Uniform Random Number：生成均匀分布的随机信号。
（7）Constant：常值输入，产生一个常量信号，比较常用。
（8）From File：从外文件读取数据。
（9）From Workspace：从 MATLAB 工作空间读取数据。

如需要其他模块，可以右击对应模块，查看 help for the XXX block，在 help 中查看其中的模块说明，图 9-8 就是 Constant 的使用说明介绍。

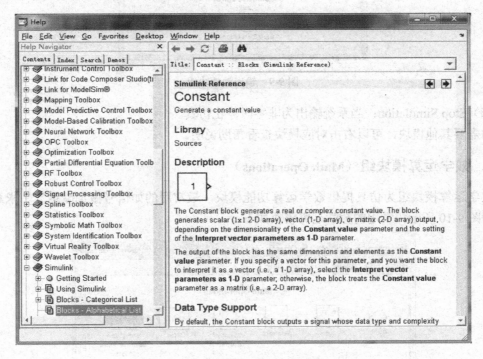

图 9-8　Constant 的 help 说明

2．输出池模块组（Sinks）

输出池模块组是为仿真提供输出元件的，用于接收、显示、输出仿真结果，如图 9-9 所示。常用的输出模块与功能如下。

（1）Scope：显示仿真周期内产生的信号，相当于一个示波器。
（2）XY Graph：使用 MATLAB 图形窗口显示输出信号的 X-Y 图。
（3）Display：显示输出值。
（4）Out1：为模型或子系统提供一个输出池。

（5）Terminator：终止输出信号（为了防止一个输出没有连接到输出池时仿真出现警告的情况）。

图 9-9 输出池模块组

（6）Stop Simulation：当系统输出为非零时停止仿真。

如需要其他模块，可以右击对应模块查看帮助说明。

3. 数学运算模块组（Math Operations）

数学运算模块组为仿真提供数学运算功能模块，最常用的如信号做加减运算、求和运算等，如图 9-10 所示。常用的数学运算模块如下。

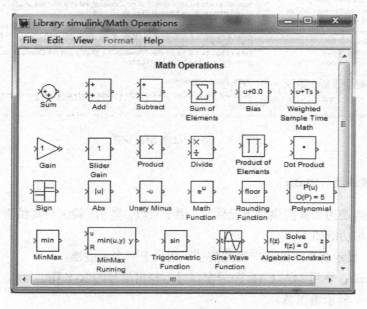

图 9-10 数学运算模块组

（1）Sum：求和运算。
（2）Add：加法。
（3）Bias：偏移。
（4）Abs：取输入值的绝对值。
（5）Sqrt：输入值开根号。
（6）Product：计算输入值的简积或商。
（7）Dot Product：进行点击运算。
（8）Sign：用一个符号函数对输入值的正负性进行判断。
（9）Rounding Function：执行圆整函数。
数学运算模块的其他模块，可以右击对应模块查看帮助说明。

4．用户自定义函数模块组（User-Defined Functions）

再全再丰富的模块库，也无法满足用户的各种需求，因此用户自定义模块显得非常必要。用户自定义函数模块组为仿真提供各种特色模块，能设定比较复杂的功能模块，还能利用用户自己编写的功能函数，如图 9-11 所示。

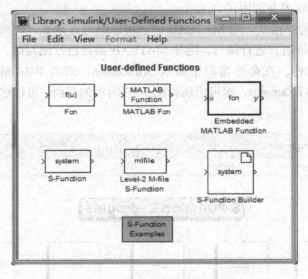

图 9-11 用户自定义函数模块组

（1）Fcn：用自定义的函数（表达式）进行运算。
（2）MATLAB Fcn：利用 MATLAB 的现有函数进行运算。
（3）Embedded MATLAB Function：嵌入的 MATLAB 函数。
（4）S-Function：调用自编的 S 函数程序进行运算。
（5）Level-2 M-file S-Function：M 文件编写的 S 函数。
（6）S-Function Builder：S 函数建立器。

前面介绍的是 Simulink 模块库中常用的模块，除此之外，Simulink 还提供了许多功能强大的模块集，如航天模块集、通信系统仿真模块集、数字信号处理模块集等，这些模块集在解决实际仿真问题时起到了很大的作用，用户可以根据自己的需求选择，在这就不一一介绍了。

9.2 S 函数

S 函数（S-Function）是系统函数（System Function）的简称，是一个动态系统的计算机语言描述。在 MATLAB 中，用户可以选择用 M 文件编写，也可以选择用 C 语言或 HEX 文件编写。

9.2.1 S 函数原理

S 函数之所以会出现，是因为在研究中需要用到很多复杂的算法设计，而这些算法因为其复杂性不适合用普通的 Simulink 模块来搭建，即 MATLAB 所提供的 Simulink 模块不能满足用户的需求，需要用编程的形式设计出 S 函数模块，然后将其嵌入到系统中，如果恰当地使用 S 函数，理论上讲可以在 Simulink 下对任意复杂的系统进行仿真。本书主要介绍目标定位跟踪算法，涉及各种滤波算法，那么必然需要使用 S 函数，将算法过程固化在 S 函数模块中，那么在 Simulink 下仿真就容易调用了。

S 函数有固定的程序格式，用 MATLAB 语言可以编写 S 函数，此外还允许用户使用 C、C++、Fortran 和 Ada 等语言进行编写。用非 MATLAB 语言进行编写时，需要采用编译器生成动态链接库 DLL 文件。在命令窗口中输入 sfundemos，或者单击 Simulink->User-Defined Functions->S-Function Examples，即可出现如图 9-12 所示的界面，可以选择对应的编程语言查看演示文件。

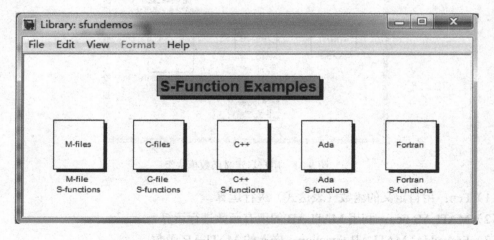

图 9-12　S 函数范例

MATLAB 为了用户使用方便，有一个 S 函数的模板 sfuntmpl.m，一般来说，我们仅需在 sfuntmpl.m 的基础上进行修改即可。在命令窗口输入 edit sfuntmpl 即可出现模板函数的内容，可以详细地观察其帮助说明以便更好地了解 S 函数的工作原理。

模板函数的定义形式为

```
function[sys,x0,str,ts]=sfuntmpl(t,x,u,flag)
```

去除全部英文注释，同时将该函数加入中文注解如下。

```
%%%%%%%%%%%%%%%%%%%%%%%%%%%%%%%%%%%%%%%%%%%%%%%%%%%%%%%
% S函数模板
function [sys,x0,str,ts] = sfuntmpl(t,x,u,flag)
% 输入参数：
%    t、x、u 分别对应时间、状态、输入信号
%    flag 为标志位，其取值不同，S函数执行的任务和返回的数据也是不同的
% 输出参数：
%    sys 为一个通用的返回参数值，其数值根据 flag 的不同而不同
%    x0 为状态初始数值
%    str 在目前为止的 matlab 版本中并没有什么作用，一般 str=[]即可
%    ts 为一个两列的矩阵，包含采样时间和偏移量两个参数
switch flag
    case 0  % 系统进行初始化，调用 mdlInitializeSizes 函数
        [sys,x0,str,ts]=mdlInitializeSizes;
    case 1  % 计算连续状态变量的导数，调用 mdlDerivatives 函数
        sys=mdlDerivatives(t,x,u);
    case 2  % 更新离散状态变量，调用 mdlUpdate 函数
        sys=mdlUpdate(t,x,u);
    case 3  % 计算 S 函数的输出，调用 mdlOutputs
        sys=mdlOutputs(t,x,u);
    case 4  % 计算下一仿真时刻，
        sys=mdlGetTimeOfNextVarHit(t,x,u);
    case 9  % 仿真结束，调用 mdlTerminate 函数
        sys=mdlTerminate(t,x,u);
    otherwise  % 其他未知情况处理，用户可以自定义
        error(['Unhandled flag = ',num2str(flag)]);
end
%%%%%%%%%%%%%%%%%%%%%%%%%%%%%%%%%%%%%%%%%%%%%%%%%%%%%%%
% 1、系统初始化子函数
function [sys,x0,str,ts]=mdlInitializeSizes
sizes = simsizes;
sizes.NumContStates  = 0;    % 连续状态个数
sizes.NumDiscStates  = 0;    % 离散状态的个数
sizes.NumOutputs     = 0;    % 输出数目
sizes.NumInputs      = 0;    % 输入数目
sizes.DirFeedthrough = 1;
sizes.NumSampleTimes = 1;    % 至少需要的采样时间
sys = simsizes(sizes);
x0  = [];                    % 初始条件
```

```
            str = [];                % str 总是设置为空
            ts  = [0 0];             % 初始化采样时间
            %%%%%%%%%%%%%%%%%%%%%%%%%%%%%%%%%%%%%%%%%%%%%%%%%%%%%%%%%%%
            % 2、进行连续状态变量的更新
            function sys=mdlDerivatives(t,x,u)
            sys = [];
            %%%%%%%%%%%%%%%%%%%%%%%%%%%%%%%%%%%%%%%%%%%%%%%%%%%%%%%%%%%
            % 3、进行离散状态变量的更新
            function sys=mdlUpdate(t,x,u)
            sys = [];
            %%%%%%%%%%%%%%%%%%%%%%%%%%%%%%%%%%%%%%%%%%%%%%%%%%%%%%%%%%%
            % 4、求取系统的输出信号
            function sys=mdlOutputs(t,x,u)
            sys = [];
            %%%%%%%%%%%%%%%%%%%%%%%%%%%%%%%%%%%%%%%%%%%%%%%%%%%%%%%%%%%
            % 5、计算下一仿真时刻，由 sys 返回
            function sys=mdlGetTimeOfNextVarHit(t,x,u)
            sampleTime = 1;          % 此处设置下一仿真时刻为 1 秒钟以后
            sys = t + sampleTime;
            %%%%%%%%%%%%%%%%%%%%%%%%%%%%%%%%%%%%%%%%%%%%%%%%%%%%%%%%%%%
            % 6、结束仿真子函数
            function sys=mdlTerminate(t,x,u)
            sys = [];
            %%%%%%%%%%%%%%%%%%%%%%%%%%%%%%%%%%%%%%%%%%%%%%%%%%%%%%%%%%%
```

一般来说，S 函数的定义形式为

```
function [sys,x0,str,ts]=sfunc(t,x,u,flag,P1,……Pn)
```

其中的 sfunc 为自己定义的函数名称。输入参数 t、x、u 分别对应时间、状态、输入信号；flag 为标志位，其取值不同，S 函数执行的任务和返回的数据也是不同的；Pn 为额外的参数。输出参数：sys 为一个通用的返回参数值，其数值根据 flag 的不同而不同；x0 为状态初始数值；str 在目前为止的 MATLAB 版本中并没有什么作用，因此总是将 str 置空；ts 为一个两列的矩阵，包含采样时间和偏移量两个参数，如果设置为[0 0]，那么每个连续的采样时间步都运行，[-1 0]则表示按照所连接的模块的采样速率进行，[0.25 0.1]表示仿真开始的 0.1s 后每 0.25s 运行一次，采样时间点为 TimeHit=n*period+offset。

S 函数的使用过程中有以下两个概念值得注意。

（1）DirFeedthrough，见初始化子函数，系统的输出是否直接和输入相关联，即输入是否出现在输出端的标志，若是则为 1，否则为 0。一般可以根据在 flag=3 时 mdlOutputs 函数是否调用输入 u 来判断是否直接馈通。

（2）dynamically sized inputs，见初始化子函数，主要给出连续状态的个数、离散状态的个数、输入数目、输出数目和直接馈通与否。

S 函数中目前支持的 flag 选择有 0、1、2、3、4、9 等几个数值，在不同的 flag 情况下 S 函数的执行情况如下。

（1）flag=0。进行系统的初始化过程，调用 mdlInitializeSizes 函数，对参数进行初始化设置，如离散状态个数、连续状态个数、模块输入和输出的路数、模块的采样周期个数、状态变量初始数值等。

（2）flag=1。进行连续状态变量的更新，调用 mdlDerivatives 函数。

（3）flag=2。进行离散状态变量的更新，调用 mdlUpdate 函数。

（4）flag=3。求取系统的输出信号，调用 mdlOutputs 函数。

（5）flag=4。调用 mdlGetTimeOfNextVarHit 函数，计算下一仿真时刻，由 sys 返回。

（6）flag=9。终止仿真过程，调用 mdlTerminate 函数。

9.2.2 S 函数的控制流程

S 函数的调用顺序是通过 flag 标志来控制的。在仿真初始化阶段，通过设置 flag 标志为 0 来调用 S 函数，并请求提供数量，主要包括连续状态、离散状态、输入和输出的个数、初始状态、采样时间等。接下来 flag 标志设为 3，请求 S 函数计算模块的输出。然后设置 flag 标志为 2，更新离散状态。当用户还需要计算状态导数时，可设置 flag 标志为 1，由求解器使用积分算法计算状态的值。计算出状态导数和更新离散状态之后，通过设置 flag 标志为 3 来计算模块的输出，这样就结束了一个仿真周期。最后通过不断循环上述过程，到达仿真结束时间，这时设置 flag 标志为 9，结束仿真，这个过程如图 9-13 所示。

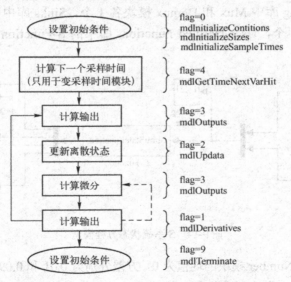

图 9-13　S 函数控制流程

在 S 函数的编写过程中，首先需要搞清楚模块中有多少个连续和离散状态、离散模块的采样周期是多少，同时需要了解模块的连续和离散的状态方程分别是什么、输出如何表示。

9.3 目标跟踪的 Simulink 仿真

9.3.1 状态方程和观测方程的 Simulink 建模

仿真任何系统都需要先建模,在纯 MATLAB 语言编程中是如此,在 Simulink 也是一样的。不同的是在 Simulink 中,借助各种模块来构造系统的状态方程和观测方程,而 MATLAB 语言中则直接通过编程实现,但是两者的本质是一样的。

假定一个目标做匀速直线运动,状态方程为:

$$X(k+1) = F*X(k) + G*w(k) \tag{9-1}$$

其中目标的状态为 $X(k) = [x(k), \dot{x}(k), y(k), \dot{y}(k)]^T$,初始时刻的值为 $X(0) = [10,5,12,5]^T$,目标的过程噪声 $w(k)$ 的方差为 $Q = \mathrm{diag}([0.01, 0.09])$,即水平和垂直方向的速度噪声方差分别为 0.01 和 0.09,假如采样时间为 1s,则 F 和 G 分别为:

$$F = \begin{bmatrix} 1 & \Delta t & 0 & 0 \\ 0 & 1 & 0 & 0 \\ 0 & 0 & 1 & \Delta t \\ 0 & 0 & 0 & 1 \end{bmatrix} = \begin{bmatrix} 1 & 1 & 0 & 0 \\ 0 & 1 & 0 & 0 \\ 0 & 0 & 1 & 1 \\ 0 & 0 & 0 & 1 \end{bmatrix}, \quad G = \begin{bmatrix} 0.5\Delta t^2 & 0 \\ \Delta t & 0 \\ 0 & 0.5\Delta t^2 \\ 0 & \Delta t \end{bmatrix} = \begin{bmatrix} 0.5 & 0 \\ 1 & 0 \\ 0 & 0.5 \\ 0 & 1 \end{bmatrix}$$

按照图 9-14,分别在 Simulink 仿真编辑窗口中拖入 Sources 库中 Random Number 模块 2 个,Signal Routing 库中 Mux 和 Demux 模块各 1 个,Sinks 库中 Floating Scope 模块 3 个和 XY Graph 模块 1 个,User-Defined Functions 库中的 S-Function 模块 1 个,将它们连接起来。

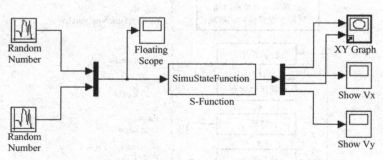

图 9-14 S 系统状态方程模型

设置两个 Randon Number 模块的均值为 0,方差分别为 0.01 和 0.09,Initial seed 的值设为不一样即可,本例中将它们分别设置为 0 和 3,Sample time 都设置为 1;双击 S 函数模块,将 S-Function name 改成 SimuStateFunction,接下来就要在编写 M 文件 SimuStateFunction.m。打开 M 文件编辑器,输入以下代码。

```
%%%%%%%%%%%%%%%%%%%%%%%%%%%%%%%%%%%%%%%%%%%%%%%%%%%%%%%%%%%%%%%%
% 功能说明:S 函数仿真系统的状态方程 X(k+1)=F*x(k)+G*w(k)
```

```
%%%%%%%%%%%%%%%%%%%%%%%%%%%%%%%%%%%%%%%%%%%%%%%%%%%%%%%
function [sys,x0,str,ts]=SimuStateFunction(t,x,u,flag)
switch flag
    case 0  % 系统进行初始化，调用 mdlInitializeSizes 函数
        [sys,x0,str,ts]=mdlInitializeSizes;
    case 2  % 更新离散状态变量，调用 mdlUpdate 函数
        sys=mdlUpdate(t,x,u);
    case 3  % 计算 S 函数的输出，调用 mdlOutputs
        sys=mdlOutputs(t,x,u);
    case {1,4,9}
        sys=[];
    otherwise    % 其他未知情况处理，用户可以自定义
        error(['Unhandled flag = ',num2str(flag)]);
end
%%%%%%%%%%%%%%%%%%%%%%%%%%%%%%%%%%%%%%%%%%%%%%%%%%%%%%%
% 1、系统初始化子函数
function [sys,x0,str,ts]=mdlInitializeSizes
sizes = simsizes;
sizes.NumContStates  = 0;     % 无连续量
sizes.NumDiscStates  = 4;     % 离散状态 4 维
sizes.NumOutputs     = 4;     % 输出 4 维，因为状态量是 x-y 方向的位置和速度
sizes.NumInputs      = 2;     % 输入维数，因为噪声模型是 2 维的
sizes.DirFeedthrough = 0;
sizes.NumSampleTimes = 1;     % 至少需要的采样时间
sys = simsizes(sizes);
x0  = [10,5,12,5]';            % 初始状态
str = [];                      % str 总是设置为空
ts  = [-1 0];  % 表示该模块采样时间继承其前的模块采样时间设置
%%%%%%%%%%%%%%%%%%%%%%%%%%%%%%%%%%%%%%%%%%%%%%%%%%%%%%%
% 2、进行离散状态变量的更新
function sys=mdlUpdate(t,x,u)
G=[0.5,0;1,0;0,0.5;0,1];   % 过程噪声驱动矩阵
F=[1,1,0,0;0,1,0,0;0,0,1,1;0,0,0,1];  % 状态转移矩阵
sys =F*x+G*u;  % 状态更新
%%%%%%%%%%%%%%%%%%%%%%%%%%%%%%%%%%%%%%%%%%%%%%%%%%%%%%%
% 3、求取系统的输出信号
function sys=mdlOutputs(t,x,u)
sys = x;  % 把算得的模块输出向量赋给 sys
%%%%%%%%%%%%%%%%%%%%%%%%%%%%%%%%%%%%%%%%%%%%%%%%%%%%%%%
```

保存程序文件，将 Simulation stop time 改成 100，运行仿真模型，得到目标过程噪声模型如图 9-15 所示，目标运行轨迹如图 9-16 所示，x 方向和 y 方向的速度分别如图 9-17 和图 9-18 所示。

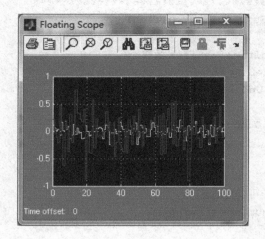

图 9-15 过程噪声模型

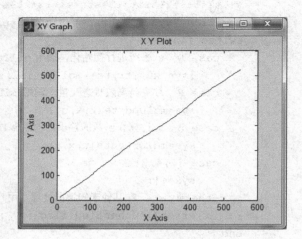

图 9-16 目标运行轨迹

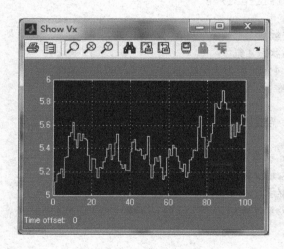

图 9-17 x 方向的速度

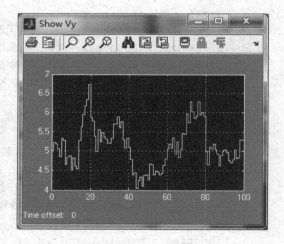

图 9-18 y 方向的速度

接下来构建观测方程的模型，假定雷达对目标的位置进行测量，观测方程为：

$$Z(k) = \boldsymbol{H} * X(k) + \boldsymbol{I} * v(k) \tag{9-2}$$

式中，$\boldsymbol{H} = \begin{bmatrix} 1 & 0 & 0 & 0 \\ 0 & 0 & 1 & 0 \end{bmatrix}$，$\boldsymbol{I} = \begin{bmatrix} 1 & 0 \\ 0 & 1 \end{bmatrix}$，而测量噪声 $v(k)$ 的方差为 $\boldsymbol{R} = \mathrm{diag}([0.04, 0.04])$。

在仿真编辑窗口中继续拖入 Random Number 模块 2 个，Math Operations 库中拖入 2 个 Sum 模块，再拖入 2 个 Floating Scope 模块，如图 9-19 所示。同理将 Random Number2 和 Random Number3 模块的均值都设为 0，方差都设为 0.04，Initial seed 设置为不同的值即可，采样时间都设为 1。

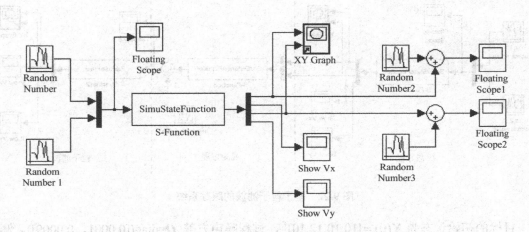

图 9-19　一个完整的系统方程建模

运行仿真，可以得到 x 和 y 方向上位置，如图 9-20 和图 9-21 所示。

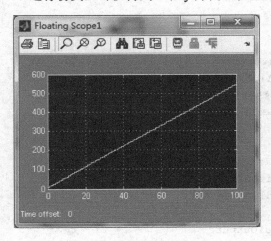

图 9-20　x 方向的位置

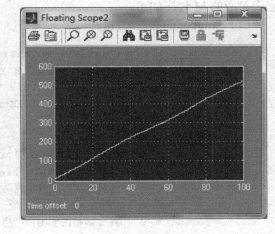

图 9-21　y 方向的位置

至此，一个完整系统模型在 Simulink 环境下的建模已经完成。这里的观测方程是线性的，如果要做非线性的观测方程，同样可以利用 S 函数完成建模。读者可以自己尝试。

9.3.2　基于 S 函数的粒子滤波器设计及其在跟踪中的应用

假定目标运动方程如式（9-1）所示，现在雷达对目标测量信息为距离，则观测方程为：

$$Z(k)=\sqrt{(x(k)-x_0)^2+(y(k)-y_0)^2}+v(k) \qquad (9-3)$$

其中，雷达站的位置为 (x_0,y_0)，目标第 k 时刻的位置为 $(x(k),y(k))$。

启动 MATLAB→Simulink，新建仿真编辑窗口，按图 9-22 构建系统。

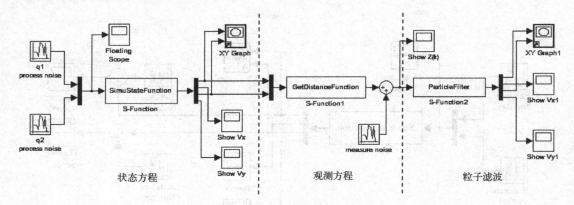

图 9-22 基于粒子滤波的跟踪系统

目标的初始状态为 $X(0)=[10,10,12,10]^T$，过程噪声方差 $Q=\mathrm{diag}([0.0001,0.0009])$，测量噪声 $R=0.01$。为了直观地表示模型，将模型 Random Number 模块别命名为过程噪声和测量噪声模块，3 个 S-Function 模块分别完成产生系统状态方程、获取观测距离和粒子滤波的功能，它们对应的 M 程序如下。

（1）SimuStateFunction.m。

```
%%%%%%%%%%%%%%%%%%%%%%%%%%%%%%%%%%%%%%%%%%%%%%%%%%%%%%%%%%%%%%%%%%%%%%
% 功能说明：S 函数仿真系统的状态方程 X(k+1)=F*x(k)+G*w(k)
%%%%%%%%%%%%%%%%%%%%%%%%%%%%%%%%%%%%%%%%%%%%%%%%%%%%%%%%%%%%%%%%%%%%%%
function [sys,x0,str,ts]=SimuStateFunction(t,x,u,flag)
global Xstate;
switch flag
    case 0  % 系统进行初始化，调用 mdlInitializeSizes 函数
        [sys,x0,str,ts]=mdlInitializeSizes;
    case 2  % 更新离散状态变量，调用 mdlUpdate 函数
        sys=mdlUpdate(t,x,u);
    case 3  % 计算 S 函数的输出，调用 mdlOutputs
        sys=mdlOutputs(t,x,u);
    case {1,4}
        sys=[];
    case 9  % 仿真结束，保存状态值
        save('Xstate','Xstate');
    otherwise  % 其他未知情况处理，用户可以自定义
        error(['Unhandled flag = ',num2str(flag)]);
end
% 1、系统初始化子函数
function [sys,x0,str,ts]=mdlInitializeSizes
sizes = simsizes;
sizes.NumContStates  = 0;     % 无连续量
sizes.NumDiscStates  = 4;     % 离散状态 4 维
sizes.NumOutputs     = 4;     % 输出 4 维，因为状态量是 x-y 方向的位置和速度
sizes.NumInputs      = 2;     % 输入维数，因为噪声模型是 2 维的
```

```
sizes.DirFeedthrough = 0;
sizes.NumSampleTimes = 1;    % 至少需要的采样时间
sys = simsizes(sizes);
x0  = [10,10,12,10]';         % 初始条件
str = [];                     % str 总是设置为空
ts  = [-1 0];  % 表示该模块采样时间继承其前的模块采样时间设置
global Xstate;
Xstate=[];
Xstate=[Xstate,x0];
%%%%%%%%%%%%%%%%%%%%%%%%%%%%%%%%%%%%%%%%%%%%%%%%%%%%%%%%%%%
% 2、进行离散状态变量的更新
function sys=mdlUpdate(t,x,u)
G=[0.5,0;1,0;0,0.5;0,1];
F=[1,1,0,0;0,1,0,0;0,0,1,1;0,0,0,1];
x_next=F*x+G*u;
sys=x_next;
global Xstate;
Xstate=[Xstate,x_next];
% 3、求取系统的输出信号
function sys=mdlOutputs(t,x,u)
sys = x;   % 把算得的模块输出向量赋给 sys
%%%%%%%%%%%%%%%%%%%%%%%%%%%%%%%%%%%%%%%%%%%%%%%%%%%%%%%%%%%
```

（2）GetDistanceFunction.m。

```
%%%%%%%%%%%%%%%%%%%%%%%%%%%%%%%%%%%%%%%%%%%%%%%%%%%%%%%%%%%
% 功能说明：S 函数计算输入信号，并输出距离信息
function [sys,x0,str,ts]=GetDistanceFunction(t,x,u,flag)
switch flag
    case 0   % 系统进行初始化，调用 mdlInitializeSizes 函数
        [sys,x0,str,ts]=mdlInitializeSizes;
    case 2   % 更新离散状态变量，调用 mdlUpdate 函数
        sys=mdlUpdate(t,x,u);
    case 3   % 计算 S 函数的输出，调用 mdlOutputs
        sys=mdlOutputs(t,x,u);
    case {1,4,9}
        sys=[];
    otherwise   % 其他未知情况处理，用户可以自定义
        error(['Unhandled flag = ',num2str(flag)]);
end
% 1、系统初始化子函数
function [sys,x0,str,ts]=mdlInitializeSizes
sizes = simsizes;
sizes.NumContStates  = 0;       % 无连续量
sizes.NumDiscStates  = 1;       % 离散状态 4 维
sizes.NumOutputs     = 1;       % 输出 4 维，因为状态量是 x-y 方向的位置和速度
sizes.NumInputs      = 2;       % 输入维数，因为噪声模型是 2 维的
```

```matlab
    sizes.DirFeedthrough = 0;
    sizes.NumSampleTimes = 1;    % 至少需要的采样时间
    sys = simsizes(sizes);
    x0  = [0]';              % 初始条件
    str = [];                % str 总是设置为空
    ts  = [-1 0];            % 表示该模块采样时间继承其前的模块采样时间设置
    %%%%%%%%%%%%%%%%%%%%%%%%%%%%%%%%%%%%%%%%%%%%%%%
    % 2、进行离散状态变量的更新
    function sys=mdlUpdate(t,x,u)
    x0=0;y0=0; % 雷达站的位置
    d=sqrt((u(1)-x0)^2+(u(2)-y0)^2 );
    sys=d;     % 计算的距离返回值
    % 3、求取系统的输出信号
    function sys=mdlOutputs(t,x,u)
    sys = x;   % 把算得的模块输出向量赋给 sys
    %%%%%%%%%%%%%%%%%%%%%%%%%%%%%%%%%%%%%%%%%%%%%%%
```

（3）ParticleFilter.m。

```matlab
    % 功能说明：基于观测距离,粒子滤波完成对目标状态估计
    function [sys,x0,str,ts]=ParticleFilter(t,x,u,flag)
    global Zdist;   % 观测信息
    global Xpf;     % 粒子滤波估计状态
    global Xpfset;  % 粒子集合
    randn('seed',20);
    N=200; % 粒子数目
    % 粒子滤波"网"的半径,衡量粒子集合的分散度,相当于过程噪声 Q
    NETQ=diag([0.0001,0.0009]);
    % NETR 相当于测量噪声 R
    NETR=0.01;
    switch flag
        case 0   % 系统进行初始化,调用 mdlInitializeSizes 函数
            [sys,x0,str,ts]=mdlInitializeSizes(N);
        case 2   % 更新离散状态变量,调用 mdlUpdate 函数
            sys=mdlUpdate(t,x,u,N,NETQ,NETR);
        case 3   % 计算 S 函数的输出,调用 mdlOutputs
            sys=mdlOutputs(t,x,u);
        case {1,4}
            sys=[];
        case 9   % 仿真结束,保存状态值
            save('Xpf','Xpf');
            save('Zdist','Zdist');
        otherwise   % 其他未知情况处理,用户可以自定义
            error(['Unhandled flag = ',num2str(flag)]);
    end
    % 1、系统初始化子函数
    function [sys,x0,str,ts]=mdlInitializeSizes(N)
```

```matlab
sizes = simsizes;
sizes.NumContStates  = 0;    % 无连续量
sizes.NumDiscStates  = 4;    % 离散状态4维
sizes.NumOutputs     = 4;    % 输出4维,因为状态量是x-y方向的位置和速度
sizes.NumInputs      = 1;    % 输入维数,因为噪声模型是2维的
sizes.DirFeedthrough = 0;
sizes.NumSampleTimes = 1;    % 至少需要的采样时间
sys = simsizes(sizes);
x0 = [10,10,12,10]';         % 初始条件
str = [];                    % str总是设置为空
ts  = [-1 0];  % 表示该模块采样时间继承其前的模块采样时间设置
% 粒子集合初始化
global Xpfset;
Xpfset=zeros(4,N);
for i=1:N
    Xpfset(:,i)=x0+0.1*randn(4,1);
end
global Zdist;  % 观测信息
Zdist=[];
global Xpf;    % 粒子滤波估计状态
Xpf=[x0];
%%%%%%%%%%%%%%%%%%%%%%%%%%%%%%%%%%%%%%%%%%%%%%%%%%%%%%%%%%%%%%%%%%%
% 2、进行离散状态变量的更新
function sys=mdlUpdate(t,x,u,N,NETQ,NETR)
global Zdist;  % 观测信息
global Xpf;
global Xpfset; % 粒子集合
Zdist=[Zdist,u]; % 保存观测信息
%————————————————————————
% 下面开始用粒子滤波对状态更新
G=[0.5,0;1,0;0,0.5;0,1];
F=[1,1,0,0;0,1,0,0;0,0,1,1;0,0,0,1];
x0=0;y0=0;  % 雷达站的位置
% 第一步:粒子集合采样
for i=1:N
    Xpfset(:,i)=F*Xpfset(:,i)+G*sqrt(NETQ)*randn(2,1);
end
% 权值计算
for i=1:N
    zPred(1,i)=hfun(Xpfset(:,i),x0,y0);
    weight(1,i)=exp( -0.5*NETR^(-1)*( zPred(1,i)-u )^2 )+1e-99;
end
% 归一化权值
weight=weight./sum(weight);
% 重采样
outIndex=randomR(1:N,weight');
```

```
% 新的粒子集合
Xpfset=Xpfset(:,outIndex);
% 状态更新
Xnew=[mean(Xpfset(1,:)),mean(Xpfset(2,:)),...
    mean(Xpfset(3,:)),mean(Xpfset(4,:))]';
% 保存最新的状态并输出返回
Xpf=[Xpf,Xnew];
sys=Xnew;    % 计算的距离返回值
% 3、求取系统的输出信号
function sys=mdlOutputs(t,x,u)
sys = x;   % 把算得的模块输出向量赋给 sys
%%%%%%%%%%%%%%%%%%%%%%%%%%%%%%%%%%%%%%%%%%%%%%%%%%%%%
% 观测子函数,计算距离
function d=hfun(X,x0,y0)
d=sqrt((X(1)-x0)^2+(X(3)-y0)^2 );
% 重采样子函数
function outIndex = randomR(inIndex,q)
outIndex=zeros(size(inIndex));
[num,col]=size(q);
u=rand(num,1);
u=sort(u);
l=cumsum(q);
i=1;
for j=1:num
    while (i<=num)&(u(i)<=l(j))
        outIndex(i)=j;
        i=i+1;
    end
end
%%%%%%%%%%%%%%%%%%%%%%%%%%%%%%%%%%%%%%%%%%%%%%%%%%%%%
```

运行仿真模型,得到目标真实轨迹和粒子滤波估计轨迹图。

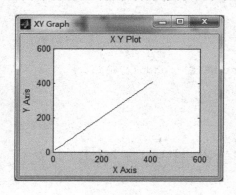

图 9-23 目标真实轨迹

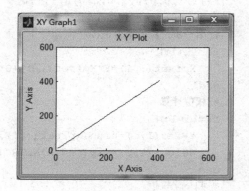

图 9-24 粒子滤波估计轨迹

同样,本例将真实状态数据、观测数据和滤波结果的数据分别保存在 Xstate.mat、

Zdist.mat 和 Xpf.mat 文件中，现在编写程序来对这些数据做跟踪精度分析，编写的 M 文件如下。

（4）DataAnalysis.m。

```
%%%%%%%%%%%%%%%%%%%%%%%%%%%%%%%%%%%%%%%%%%%%%%%%%%%%%%%
% 功能说明：数据分析程序
function DataAnalysis
%%%%%%%%%%%%%%%%%%%%%%%%%%%%%%%%%%%%%%%%%%%%%%%%%%%%%%%
load Xstate;
load Zdist;
load Xpf;
% Xstate    % 打开注释，可以在命令窗口查看数据
% Zdist     % 打开注释，可以在命令窗口查看数据
% Xpf       % 打开注释，可以在命令窗口查看数据
T1=length(Xstate(1,:));
T2=length(Zdist(1,:));
T=min(T1,T2);
for k=1:T           % 计算偏差
    Div_PF(1,k)=sqrt((Xpf(1,k)-Xstate(1,k))^2+(Xpf(3,k)-Xstate(3,k))^2 );
end
%%%%%%%%%%%%%%%%%%%%%%%%%%%%%%%%%%%%%%%%%%%%%%%%%%%%%%%
figure % 轨迹图
hold on;box on;
plot(Xstate(1,:),Xstate(3,:),'-b.');    % 真实状态的位置
plot(Xpf(1,:),Xpf(3,:),'-r+');          % 粒子滤波估计位置
legend('true','pf')
figure % 偏差图
hold on;box on;
plot(Div_PF,'-ko','MarkerFace','g');
figure % 对速度的估计
subplot(121);hold on;box on;
plot(Xstate(2,:),'-k.') ;     % x方向的速度
plot(Xpf(2,:),'-r+');
axis([0 T 9 11]);
subplot(122);hold on;box on;
plot(Xstate(4,:),'-k.');      %y方向的速度
plot(Xpf(4,:),'-r+');
axis([0 T 9 11]);
%%%%%%%%%%%%%%%%%%%%%%%%%%%%%%%%%%%%%%%%%%%%%%%%%%%%%%%
```

运行上面的数据分析程序，得到真实轨迹和粒子滤波估计轨迹的对比图，如图 9-25 所示。而图 9-26 反映的是粒子滤波估计的位置与真实位置在各个仿真时刻中的偏差，可以看出：随着时间的推移，粒子滤波对轨迹的跟踪误差越来越大，这是由于观测噪声较大、粒子集匮乏等原因导致的，如果这时能找到更好的建议密度分布函数来指导粒子集合的采样和分布，则能在一定程度上改善粒子滤波的性能。

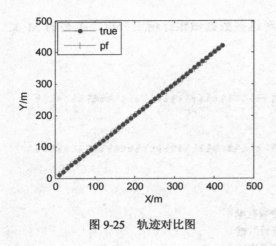

图 9-25 轨迹对比图

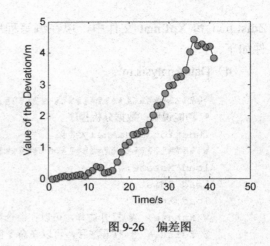

图 9-26 偏差图

9.4 小结

本章重点介绍了如何在 Simulink 环境下做目标跟踪算法仿真。在 9.1 节重点介绍了 Simulink 的有关知识，但这只是一个概述，很多模块的用法相信读者看完之后依然很陌生，建议初学者先参考其他专门介绍 MATLAB 与 Simulink 使用方法的书籍，只有熟练掌握各模块的使用，才能构建各种各样的仿真模型。9.3 节的 S 函数是关键点，要用 Simulink 仿真算法，必须借助这个自定义模块工具，同时也要求读者有一定的 M 语言编程能力，否则工作将无从下手。

目标定位跟踪算法的系统构建方法不止本章提到的方式，读者可以尝试其他建模方法。但是本章基本涵盖了一般目标定位跟踪建模的通用做法。如果读者需要做算法改进，可以对 S 函数模块内的程序进行修改。

反侵权盗版声明

电子工业出版社依法对本作品享有专有出版权。任何未经权利人书面许可，复制、销售或通过信息网络传播本作品的行为；歪曲、篡改、剽窃本作品的行为，均违反《中华人民共和国著作权法》，其行为人应承担相应的民事责任和行政责任，构成犯罪的，将被依法追究刑事责任。

为了维护市场秩序，保护权利人的合法权益，我社将依法查处和打击侵权盗版的单位和个人。欢迎社会各界人士积极举报侵权盗版行为，本社将奖励举报有功人员，并保证举报人的信息不被泄露。

举报电话：（010）88254396；（010）88258888
传　　真：（010）88254397
E-mail：dbqq@phei.com.cn
通信地址：北京市海淀区万寿路 173 信箱
　　　　　电子工业出版社总编办公室
邮　　编：100036